MW01103288

Helmut Vogel

PROBLEME AUS DER PHYSIK

Beiheft mit
Aufgaben und Lösungen
zur 17. Auflage von
Gerthsen · Vogel
Physik

Mit 14 neuen Abbildungen und
115 neuen Aufgaben und deren vollständigen Lösungen

Springer-Verlag
Berlin Heidelberg New York
London Paris Tokyo
Hong Kong Barcelona
Budapest

Professor Dr. *Helmut Vogel*

Lehrstuhl für Physik an der Technischen Universität München
D-85350 Freising-Weihenstephan

Das Lehrbuch Gerthsen · Vogel, *Physik*, 17., verbesserte und erweiterte Auflage,
bearbeitet von H. Vogel, erscheint 1993 mit der

ISBN 3-540-56638-4 Springer-Verlag Berlin Heidelberg New York

ISBN 3-540-51217-9 Springer-Verlag Berlin Heidelberg New York

Beiheft nur verkäuflich in Verbindung mit ISBN 3-540-51217-9 Vogel, *Probleme aus der Physik. Aufgaben und Lösungen zur 16. Auflage von Gerthsen · Kneser · Vogel, Physik*.

© Springer-Verlag Berlin Heidelberg 1993
Printed in Germany

Satz: Konrad Triltsch, Graphischer Betrieb, Würzburg
56/3140 – 5 4 3 2 1 0 – Gedruckt auf säurefreiem Papier

Hinweise zur Benutzung des Beiheftes

Dieses Beiheft ist für Benutzerinnen und Benutzer der 17. Auflage des Lehrbuchs Physik von Gerthsen und Vogel gedacht. Es enthält zusätzliche Aufgaben mit deren vollständigen, ausführlich erläuterten Lösungen zu den einzelnen Kapiteln sowie insbesondere zum neu hinzugekommenen Kapitel 16 *Nichtlineare Dynamik.* In der 16. Auflage war dieses Kapitel der Quantenmechanik gewidmet. Sie ist nun im Anhang A der 17. Auflage zu finden. Die Übungsaufgaben zur Quantenmechanik finden sich im Hauptteil dieses Buches unter der Kapitelnummer 16. Die übrige Kapitelnumerierung ist beibehalten worden.

Inhaltsverzeichnis

Zusätzliche Aufgaben zu

2.4 Der Kreisel

2.4.12. Kurz bevor ein Flugzeug auf der Landebahn aufsetzt, drehen sich die Fahrwerksräder i. allg. noch nicht. Welche Kräfte und Momente versetzen die Räder beim Landen in Drehung? Sie können die gesamte Masse des Rades ganz außen konzentriert denken. Das Flugzeug rolle zunächst ungebremst, bis die Räder die richtige Geschwindigkeit angenommen haben. Wie lange nach der Landung ist das der Fall und nach welchem Rollweg? Welche Gesamtarbeit verrichten die Kräfte, die die Räder beschleunigen? Wo bleibt diese Energie? Warum rauchen die Reifen und brennen sogar manchmal? Wie kann man das verhindern?

Zunächst rutschen die Räder über die Piste. Die Reibung $\mu M g$ und ihr Moment $T = \mu M g r$ versetzen sie allmählich in Drehung (M: Flugzeugmasse, r Reifenradius, Moment T für alle Räder zusammen). Winkelbeschleunigung $\dot{\omega} = T/J = \mu M g/(m r)$ (m: Masse aller Räder). Wenn die Räder nicht mehr gleiten, sondern „fassen", ist $\omega r = v$ (v Landegeschwindigkeit). Dies erreichen sie nach der Zeit $t = v/(\dot{\omega} r) = v m/(\mu M g)$. In dieser Zeit rutscht das Flugzeug die Strecke $x = v t = m v^2/(\mu M g)$. Die Reibung verrichtet auf dieser Strecke die Arbeit $W = F x = m v^2$. Genau die Hälfte steckt in der Rotationsenergie der Räder, die andere Hälfte muß in Wärme übergehen. Geringes v verringert W, große Reifen- und Felgenfläche verbessert die Wärmeabgabe. Die Räder nach dem Ausfahren schon in der Luft durch Hilfsmotor oder Turbinenschaufeln anzudrehen, beeinträchtigt nach Pilotenaussagen die Landesicherheit.

5.7 Lösungen

5.7.8. Tragen Sie den Dampfdruck einer Mischung zweier Flüssigkeiten über dem Mengenanteil einer davon auf, zunächst für den idealen Fall (*Raoult*). Dann teilen Sie die Abszissenachse anders ein, nämlich für den Mengenanteil im Dampfgemisch. Sie erhalten zwei verschiedene Kurven; wie sehen sie aus, was bedeuten die Flächenstücke, die sie begrenzen? Rechnen Sie das Diagramm um, so daß die Ordinate jetzt die Siedetemperatur darstellt. Diskutieren Sie im Diagramm einen Destillationsvorgang, speziell eine fraktionierte Destillation.

Wir mischen x mol der Flüssigkeit B mit $1 - x$ mol der Flüssigkeit A. Die reinen Stoffe haben die Dampfdrucke p_{A1} bzw. p_{B1}. Für die ideale Lösung sind die Teildampfdrucke gegeben durch die Geraden $p_B = p_{B1} x$ bzw. $p_A = p_{A1}(1 - x)$ über einer x-Achse, der Gesamt-Dampfdruck ist $p = p_{A1} + x(p_{B1} - p_{A1})$. Im Dampf dagegen liegt B mit dem Mengenanteil $y = p_B/p$ vor. Elimination von x liefert $p(y) = p_{A1} p_{B1}/(p_{B1} - y(p_{B1} - p_{A1}))$. Das ist ein nach unten durchhängender Hyperbelbogen über der y-Achse, der natürlich p_{A1} und p_{B1} verbindet (Abb. 5.74). All das gilt für konstante Temperatur im Gleichgewicht. Bei konstantem Außendruck trägt man besser den Siedepunkt T auf. Mit steigendem Dampfdruck sinkt der Siedepunkt nichtlinear: Aus einer steigenden $p(x)$-Geraden (B flüchtiger) wird ein fallender $T(x)$-Bogen, der mit dem $T(y)$-Bogen ein linsenförmiges Gebiet einschließt. Aus der Lösung mit x_1 bildet sich ein Dampf mit dem höheren Anteil y_1 (waagerechte Linie). Dieser kondensiert bei etwas tieferer Temperatur zu einer Lösung mit dem neuen $x_2 = y_1$ (senkrechte Linie), die z. T. zu $y_2 > x_2$ verdampft, usw. Im Idealfall erhält man nach vielen Stufen reines B im Kondensat.

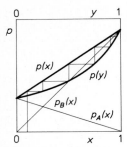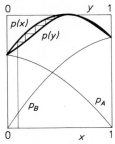

Abb. 5.74. Dampfdruck eines Gemisches (*dick*) und seiner Bestandteile (*dünn*), aufgetragen über den Mischungsverhältnissen x in der Flüssigkeit und y im Dampf; links für ein ideales, rechts ein reales Gemisch. Fraktionierte Destillation führt links zum Reinstoff, rechts nur zum azeotropen Gemisch

5.7.9. Der stärkste Alkohol, den man kaufen kann, hat 96 Vol.-%. Rauchende Salpetersäure enthält nur etwa 68% HNO_3. Zeigen Sie: Dies liegt an einer Abweichung vom Raoult-Gesetz, nämlich an einem Extremum des Dampfdrucks (azeotroper Punkt). Erklären Sie diese Abweichung modellmäßig. Beachten Sie: Wasser, in das man Salpeter- oder Schwefelsäure gießt, wird sehr warm. Mit Alkohol kühlt es sich etwas ab.

Erhitzung bzw. Abkühlung beim Auflösen zeigen: Säureionen und Wassermoleküle ziehen sich stärker an als gleichartige Teilchen; umgekehrt bei Alkohol-Wasser. Die $p_i(x)$-Kurven (Aufgabe 5.7.8) wölben sich bei der Säure nach unten, beim Alkohol nach oben, denn Teilchen sind aus dem Gemisch schwerer/leichter zu lösen als aus dem Reinstoffen. Der Gesamtdampfdruck hat daher bei der Säure ein Minimum, die Siedetemperatur ein Maximum, beim Alkohol ist es umgekehrt. Über die Extrema, die azeotropen Punkte, kommt man bei gewöhnlicher fraktionierter Destillation nicht hinaus, wie der Streckenzug von Aufgabe 5.7.8 zeigt. Nur ein Trick (Zusatz von Benzol, bei Trinkalkohol nicht anwendbar) führt zum „absoluten Alkohol".

5.7.10. Die Tabelle zeigt die Sättigungskonzentration von CO_2 und O_2 in Wasser. Rechnen Sie auf Molaritäten um. Bestimmen Sie die Lösungsenthalpien und versuchen Sie sie qualitativ modellmäßig zu deuten. Wieso sind arktische Gewässer so reich an Plankton und Fischen? Kann das Meer den Treibhauseffekt durch vom Menschen erzeugtes CO_2 abpuffern?

Bei 20 °C enthält Wasser 0,0402 mol/l CO_2, ein mol pro 24,9 l, also fast soviel wie im Gasraum. Die

Sättigungskonzentrationen von Gasen in Wasser, in g/kg (im Gleichgewicht mit dem reinen Gas von 1 bar Druck)

$T/°C$	0	20	25	40	50	60	100
O_2	0,0349	–	0,0207	–	0,0149	–	0,0120
CO_2	3,48	1,77	1,45	0,97	–	0,58	–

Atmosphäre hat heute nur 330 ppm CO_2 (1/3000 g/g), Partialdruck $29/(44 \cdot 3000)\,bar = 2,2 \cdot 10^{-4}$ bar, was auf 0,39 mg CO_2 im l Wasser führt. O_2 mit 0,2 bar in der Atmosphäre ist im Wasser mit 7,0 mg/l häufiger. Beide Gase sind in warmen Meeren viel rarer. Ein gut durchmischter Ozean ($\frac{2}{3}$ der Erdoberfläche, im Mittel 4 km tief) kann nur etwa $\frac{1}{4}$ soviel CO_2 lösen wie in der effektiv 8 km hohen Atmosphäre ist. Schnelle Pufferung erfolgt auch nur über eine durch Wellen und Diffusion durchmischte Schicht von knapp 100 m. Dazu kommen allerdings viel größere Mengen in Carbonaten gebundenes CO_2. Für deren Produktion sind die Tropen besser, weil sich Feststoffe wie Kalk im Warmen besser lösen. CO_2 folgt gut einem Boltzmann-Gesetz mit $W = 0,102$ eV, O_2 weniger gut mit 0,028 eV. Von üblichen Gasen lösen sich nur N_2O und NH_3 ähnlich gut wie CO_2 mit fast identischen W; N_2, H_2, NO, He, Ar lösen sich noch schlechter als O_2.

5.7.11. Ammoniak löst sich sehr gut in kaltem Wasser (1305 g/l bei 0 °C), sehr viel schlechter in heißem (74 g/l bei 100 °C). Geben Sie zwei Gründe an, weshalb dies Verhalten für die Kältetechnik bedeutsam ist. Erklären Sie die Wirkungsweise eines Absorber-Kühlschranks.

Auflösen von Gasen im Wasser kostet Energie (das ist die in Aufgabe 5.7.10 bestimmte Aktivierungsenergie), die der Umgebung entzogen wird. Bei NH_3 sind das 0,114 eV/Molekül, 10,9 kJ/mol, für die 77 mol/l bei 0 °C hätte Wasser also eine Kühlkapazität von 837 kJ/l. Heizt man das H_2O-NH_3-Gemisch außerhalb des Kühlraums elektrisch oder mit Gasbrenner, so wird es durch Ausgasen noch wärmer, kann thermisch zum Umlauf gebracht werden und liefert im Kühlraum bei z.B. 0,1 l/min fast 1 kW Kühlleistung.

5.7.12. In l l Wasser kann man etwa 350 g Kochsalz lösen, fast unabhängig von der Temperatur. Hierin unterscheidet sich NaCl von fast allen anderen Salzen. Zeichnen Sie ein Zustandsdiagramm für das Gemisch Wasser-Eis-Salz. Kennzeichnen Sie die Flächenstücke, die Koexistenzlinien und -punkte und diskutieren Sie die Anwendung als Kältemischung (z. B. heute noch in „Kühlakkus").

Über einer c-Achse (c: Salzkonzentration in g/l) mit T-Ordinate zeichne man eine Gerade von (0, 0) nach (350, −22,2), von dort eine Vertikale nach oben. Die schräge Gerade trennt die Bereiche von Salzlösung (oben) und Eis + gesättigter Lösung, die Vertikale trennt die Salzlösung von Salzkristallen + Lösung. Im Punkt (350, −22,2), dem eutektischen Punkt, koexistieren Eis- und Salzkristalle. Der Kühlakku enthält eine Lösung eutektischer Zusammensetzung (mit anderem Salz). Im Tiefkühlfach erstarrt sie beim eutektischen Punkt und kann dann im Freien die zum Auftauen plus zur Erwärmung nötige Energie aufnehmen. Streut man Salz in ein Eis-Wasser-Gemisch, sinkt der Gefrierpunkt, etwas Eis taut auf, kühlt dabei das Gemisch, usw. bis zum Punkt auf der schrägen Koexistenzlinie, der der gewählten Salzkonzentration entspricht.

5.7.13. Auf den Canarischen Inseln, besonders auf Lanzarote, kämpfen die Bauern erfolgreich gegen die Regenarmut mittels des reichlich vorhandenen feinporigen jungvulkanischen Lapilli („picón"). Sie pflanzen Weinstöcke, Zwiebeln usw. direkt ins Lapillifeld oder breiten eine Lapillischicht über normalen Boden („enarenado natural" bzw. „artificial"). In den Poren kondensiert das Wasser schon bei geringerer Luftfeuchte. Wie kommt das, und wann passiert es? Sie können eine Energiebilanz aufstellen oder an den Dampfdruck in einem Kapillarsteigrohr denken.

In einer engen benetzten Kapillare vom Radius r, eingetaucht in Wasser, würde dieses um $h = 2\sigma/(r\,g\,\varrho_w)$ hochsteigen. Bringt man Dampf von der Wasseroberfläche dort oben hin, nimmt sein Druck um $\Delta p = \varrho_d\,g\,h = 2\,\sigma\,\varrho_d/(r\,\varrho_w)$ ab. Er muß dort oben aber mit dem gleichen Druck ankommen wie der Dampf in der Kapillare, sonst gäbe es kein Gleichgewicht. Der Sättigungsdampfdruck in der Kapillare ist also gerade um Δp geringer. Das liegt an der konkaven Oberfläche, die den Eintritt von Dampfmolekülen ins Flüssige begünstigt. Bei $r = 0,1\ \mu$m ist $\Delta p = 15$ mbar. Bei 20 °C sind das 64% vom üblichen Dampfdruck (23,3 mbar), also kondensiert das Wasser in so engen Kapillaren schon bei 36% Luftfeuchte.

7.6 Elektromagnetische Wellen

7.6.22. Gibt es auch magnetische Antennen? Pulsare sind Sterne, deren Radio- und auch Röntgenintensität kurzperiodisch schwankt. Man kennt zwei Gruppen mit Schwankungsperioden von 30 ms und darüber, sowie neuerdings auch mit 1,5 ms und etwas mehr. Diese Strahlung und ihre Periodizität wird dadurch erklärt, daß das riesige Magnetfeld dieses Sterns etwas schief zur Rotationsachse steht. Die Strahlungsleistung wird der Rotationsenergie entnommen, so daß 30 ms-Pulsare ihre Periode im Jahr um etwa 10 μs verlängern, 1,5 ms-Pulsare dagegen nur um 3 ps/Jahr. Vier Abschätzungen für den Pulsarradius: 1. Wie groß darf er sein, damit sein Äquator nicht schneller rotiert als c? 2. Wie groß, damit er nicht zentrifugal auseinanderfliegt? 3. Wie stark müßte sich die Sonne (Rotationszeit 26 Tage) kontrahieren, damit sie so schnell rotierte? 4. Wie groß wäre ein Klumpen enggepackter Neutronen von Sonnenmasse? Zur Strahlung: Die magnetische Achse stehe etwa 1° schief. Welche Strahlungsintensität ergibt sich daraus (denken Sie an *H. Hertz*), welcher Verlust an Rotationsenergie? Schätzen Sie die Magnetfelder der beiden Pulsargruppen. Überreste einer Supernova wie der Crab-Pulsar rotieren in 30 ms und werden dann langsamer; die superschnellen Pulsare sollen viel älter sein, und zwar durch Einfang der Außenhülle eines nahen Begleiters wiederbelebt worden sein, der in seinem Rote-Riesen-Stadium über seine Roche-Grenze hinausschwoll. Es gibt aber auch Einzelsterne, die superschnelle Pulsare sind. Um die Doppelsternhypothese zu retten, nimmt man an, daß sie ihren Retter zum Dank durch ihre Strahlung zerblasen haben.

Abschätzungen für Radius R des 1,5 ms-Pulsars: 1. $R < c/\omega = 75$ km; 2. $\omega^2 R < G M/R^2 \Rightarrow R < \sqrt[3]{G M/\omega^2} \approx 20$ km; 3. $L \sim R^2 \omega =$ const $\Rightarrow R \sim 1/\sqrt{\omega}$, $R \approx 10$ km; 4. Radius des Neutrons $1,2 \cdot 10^{-15}$ m, Sonne enthält etwa 10^{57} Nukleonen, also $R \approx 10$ km. Strahlung: Hier ändert sich ein magnetischer Dipol und strahlt ähnlich wie ein sich ändernder elektrischer hauptsächlich mit seiner Änderungsfrequenz. Den Anschluß an den Hertz-Strahler findet man am besten, wenn man an den Strom denkt, der das Magnetfeld B erzeugt. Angenommen, er fließt durch den ganzen Sternquerschnitt, dann ist außen $B \approx \mu_0 I/(2\pi R)$. Den Strom kann man darstellen $I = \pi R^2 j = \pi R^2 env$. Insgesamt fließt im ganzen Stern die Ladung $Q = \frac{4}{3}\pi R^3 ne$, also $B = \frac{3}{8}\mu_0 Q v/(\pi R^2)$, $\dot B = \frac{3}{8}\mu_0 Q \dot v/(\pi R^2)$. Nach (7.130) strahlt eine beschleunigte Ladung mit der Leistung $P = \frac{1}{6}Q^2 \dot v^2/(\pi \varepsilon_0 c^3)$, hier $P \approx \pi \dot B^2 R^4/(\mu_0^2 \varepsilon_0 c^3) = \pi B^2 \omega^2 R^4/(\mu_0^2 \varepsilon_0 c^3)$. Allein durch sein kreiselndes Magnetfeld strahlt ein Pulsar also etwa millionenmal stärker als die Sonne, wenn auch hauptsächlich im kHz-Bereich. Sonst könnte man solche Objekte auch nicht bis in den 10^4–10^5 Lichtjahre entfernten Kugelsternhaufen entdecken. Diese Strahlungsleistung kann nur entnommen werden aus der Rotationsenergie $W = \frac{1}{2}J\omega^2 = \frac{1}{5}M R^2 \omega^2$. Die Lebensdauer der Rotation ist also $\tau = W/P \approx M \mu_0^2 \varepsilon_0 c^3/(5\pi R^2 B^2)$. Daraus ergibt sich $B \approx 3 \cdot 10^6\ T$ für den 30 ms-Pulsar, $10^4\ T$ für den 1,5 ms-Pulsar. Hier ist natürlich nur die zur Drehachse senkrechte Feldkomponente gemeint. Das Gesamtfeld kann etwa hundertmal größer sein. Wenn bei der Kontraktion der Magnetfluß erhalten bleibt, kommt man von den $0{,}001\ T$ der Sonne tatsächlich auf ähnliche Werte. Die Periodizität kommt natürlich daher, daß ein Dipol nicht in alle Richtungen gleichzeitig strahlt (Leuchtturmeffekt).

7.6.23. Ein Magnet mit seinem homogenen Feld bewegt sich nach rechts. Von dort kommt ihm ein geladenes Teilchen entgegen, dringt ein Stück in das Magnetfeld ein und verläßt es wieder. Mit welcher Geschwindigkeit und Energie tut es das? Überlegen Sie im Bezugssystem des Magneten und im „Laborsystem". Wie ist die Lage, wenn der Magnet auch nach links fliegt?

Der Magnet fliege mit w, das Teilchen mit v, also relativ zum Magneten mit $v + w$. Senkrecht auf das Feld und seine Begrenzung auftreffend, wird das Teilchen nach einem Halbkreis mit dem Radius $r = m(v + w)/(ZeB)$ wieder austreten. Im Bezugssystem des Magneten ändert sich die Geschwindigkeit nicht, im Laborsystem kommt das Teilchen also mit $v + 2w$ zurück (analog zum tangentialen Katapultieren einer Raumsonde durch einen Planeten, Aufgabe 1.8.15) und hat die Energie $2mw(v + w)$ gewonnen. Dies scheint zwei Thesen zu widersprechen, nämlich daß ein statisches Magnetfeld kein Teilchen beschleunigen könne (wenn es sich bewegt, kann es das doch), und daß Feldlinien keine beweglichen Borsten seien, wie es manche populären Deutungen des Induktionsgesetzes suggerieren. Wir gehen jetzt ins Laborsystem. Der bewegte Magnet enthält dort nicht nur ein B-Feld, sondern auch ein E-Feld $E = wB$ senkrecht dazu und zu w. Während das Teilchen auf seinem Halbkreis seitwärts fliegt (im ganzen um $2r = 2m(v + w)/(ZeB)$), wird es in dem E-Feld beschleunigt und gewinnt die Energie $ZeE\,2r = 2mw(v + w)$, genau wie oben. Wenn v und w gleichsinnig sind, tritt das Teilchen im Laborsystem mit $v - 2w$ aus und hat die Energie $2mw(v - w)$ verloren.

7.6.24. Nach *Fermi* könnten kosmische Teilchen durch bewegte interstellare Gaswolken, die Magnetfelder enthalten, auf sehr hohe Energien beschleunigt worden sein. Ist diese Hypothese sinnvoll?

Daß interstellare Gaswolken magnetisiert sind, weiß man aus der Polarisation des Sternlichts, das durch solche Wolken gelaufen ist. Sie bewegen sich typischerweise mit etwa 100 km/s. Geladene Teilchen treffen auf ihrem Weg ebensooft auf Wolken, die in der gleichen, wie auf solche, die in Gegenrichtung fliegen. Im ersten Fall verlieren sie $2mw(v - w)$ an Energie, im zweiten gewinnen sie $2mw(v + w)$. Im Mittel bleibt für jeden Stoß ein Gewinn von $2mw^2$. Ein Teilchen, das fast mit c fliegt, trifft alle paar Jahre auf eine Wolke von einigen Lichtjahren Durchmesser. Ein Proton gewinnt jedesmal etwa 100 eV; in 10^{10} Jahren, während deren das galaktische Magnetfeld es in dichtbesiedelte Gebiete fesseln könnte, kann es auf einige 100 GeV kommen, vielleicht noch höher, wenn zwei einander entgegenfliegende Wolken damit Tennis spielen.

7.6.25. Der Pulsar Hercules X-1 hat in seiner extrem starken Röntgenemission eine etwas verbreiterte Linie bei 58 keV. Können Sie dies als charakteristische Strahlung einem bestimmten Atom zuweisen? Was sagen Sie zur Deutung als Landausche Zyklotron-Strahlung: Übergang zwischen gequantelten Kreisbahnen im Magnetfeld, analog zum Bohr-Modell? Wie stark müßte dieses Magnetfeld sein?

Ein Pulsar als Neutronenstern enthält keine getrennten Kerne mehr, geschweige denn solche mit Elektronenschalen. Auch die Materie, die um ihn kreist oder die er einfängt, ist einschließlich der innersten Schalen ionisiert. Ein Atom um $Z = 65$ könnte eine K-Linie in dieser Gegend haben, aber warum sollte ausgerechnet eine seltene Erde so überwiegen? Für eine Kreisbahn im B-Feld muß neben $m v^2/r = e v B$ die Quantenbedingung $m v r = n \hbar$ gelten. Damit folgen die Bahnenergien zu $W_n = \frac{1}{2} m v^2 = n e B \hbar/(2 m)$ (äquidistante Terme). Die 58 keV verlangen $B \approx 10^9$ T. Die Sonne mit ihren 10^{-3} T könnte auch bei Kontraktion auf 10 km höchstens ein normaler Pulsar mit 10^7 T werden, aber es gibt Hauptreihensterne mit dem 100- bis 1000-fachen Magnetfeld.

8.3 Gasentladungen

8.3.14. Im Mikrowellenherd kann man keine Metalltöpfe verwenden. Keramik- oder Plastikgeschirr wird höchstens indirekt durch die darin enthaltenen wasserhaltigen Lebensmittel erhitzt. Man sagt doch, elektrische Felder dringen in Wasser oder biologische Substanzen gar nicht ein. Wie verträgt sich das? Kernstück dieser Herde ist i. allg. ein Magnetron mit 2,5 GHz. Erklären Sie das alles, speziell, warum man gerade diese Frequenz benutzt.

Die freien Elektronen in einem Metall absorbieren die Welle auf sehr kurzer Strecke (nach (7.142) auf einigen μm; die Bedingung $\omega \ll \mu_0 \sigma c^2$ ist für alle Metalle erfüllt, für biologisches Material mit knapp 1 mol/l Ionen, also $\sigma \approx 1 \, \Omega^{-1} \mathrm{m}^{-1}$ auch, aber hier kommt die auf der Leitung beruhende Eindringtiefe in den cm-dm-Bereich, bei Niederfrequenz ist sie viel kleiner). Die mitschwingenden Metallelektronen emittieren selbst: Das Metall reflektiert noch mehr als es absorbiert (sonst könnte uns die Polizei mit dem Radar nicht erwischen). Für die erwünschte Absorption sind überwiegend die Wasserdipole verantwortlich. Absorption ist Leistungsaufnahme, Leistung ist Kraft mal Geschwindigkeit bzw. Drehmoment mal Winkelgeschwindigkeit. Es genügt also nicht, daß die Dipole sich dem Wechselfeld E folgend einstellen, was sie bei kleinen Frequenzen am besten tun, denn dann folgt der Einstellwinkel β dem Feld in Phase, und somit ist $\dot{\beta}$ um $\pi/2$ gegen E verschoben: Reine Blindleistung, wie beim idealen Kondensator. Das Feld muß so schnell wechseln, daß die Dipole fast nicht mehr mitkommen. Dann herrscht Gleichgewicht zwischen Feldkraft und Reibung, also Phasengleichheit zwischen E und $\dot{\beta}$. Aus der Geometrie des H_2O-Moleküls folgt diese Relaxationsfrequenz zu einigen GHz (Aufgaben 6.2.10 und 3.3.3). Bei noch höheren Frequenzen wird $\dot{\beta}$ dann zu klein.

8.3.15. Ein Hähnchen kann man im Mikrowellenherd braten, eine Gans kaum. Vergleichen Sie Wellenlänge und Eindringtiefe der Strahlung. Ist die Übereinstimmung zufällig?

Jeder Dipol vom Moment $e r$, auf den das Feld das Drehmoment M ausübt und der sich mit der Winkelgeschwindigkeit w dreht, nimmt die Leistung $M w$ auf. Im Mittel dreht sich jeder Dipol im Feld E um den Winkel $\beta = e r E/(k T)$ (Verhältnis der Einstell- zur thermischen Energie). Im Sinus-Wechselfeld ist also $w = \dot{\beta} = \omega \beta = \omega e r E/(k T)$, das Drehmoment ist etwa $M = e r E$, d. h. Leistung $M w \approx e^2 E^2 r^2 \omega/(k T)$. Alle n Dipole im m^2 schlucken $P/V = n e^2 E^2 r^2 \omega/(k T)$. Wieviel Leistung die Welle pro m^2 heranbringt, ihre Intensität I, läßt sich auch durch E ausdrücken: Energiedichte $\varepsilon \varepsilon_0 E^2$, also $I = c \varepsilon \varepsilon_0 E^2$. Auf jedem m verliert die Welle die Energie P/V pro m^2 und s, sie kommt also etwa bis $d = I/P = \varepsilon \varepsilon_0 c k T/(n e^2 r^2 \omega)$. Aber ε hängt selbst von e und r ab: $\varepsilon \approx e^2 r^2/(\varepsilon_0 k T)$ (vgl. (6.53)). Also einfach $d \approx c/\omega$. Das ist knapp die Wellenlänge, 12 cm für 2,5 GHz.

8.3.16. Unser Zimmer sei wie ein Mikrowellenherd mit schwächerer hochfrequenter Strahlung erfüllt, unsere Tapeten seien metallisiert. Vergleichen Sie diese Heizung mit einer konventionellen. Was muß jeweils erwärmt werden: Luft, Bewohner, Wände, Möbel? Wo und wie erfolgen Verluste?

Gase mit einfach gebauten Molekülen haben im cm- und dm-Bereich kaum Resonanzfrequenzen und absorbieren wenig (sonst gäbe es weder Radar noch Radioastronomie). Im Mikrowellenfeld könnte man sich angenehm warm fühlen, selbst wenn Luft und Wände fast Außentemperatur hätten. Die konventionelle Heizung erwärmt dagegen zuerst die Luft, und diese dann uns. Auch bei der Mikrowellenheizung würde die Luft auf die Dauer 18 oder 20 °C annehmen, aber schon die CO_2-Produktion der Bewohner erfordert etwa einen vollständigen Luftaustausch pro Stunde. Bewohner und andere wasserhaltige Dinge (Pflanzen, Erde), die direkt erwärmt werden, geben einige 100 W an die Luft ab. Dies wäre bei 100%ig wellendichten Wänden der einzige Verlust, verglichen mit einigen kW Leitungsverlust von 20 °C-Luft aus. Im Grenzfall brauchte die Mikrowellenheizung nur diese 100 W/Bewohner zu liefern.

9.3 Die Lichtgeschwindigkeit

9.3.5. Im Wasser läuft das Licht langsamer als in der Luft. Liegt das an einer Abnahme der Wellenlänge oder der Frequenz? Auch wenn man taucht, sieht man die Wasserpflanzen grün (falls sie nicht zu weit entfernt oder zu tief unten sind). Welche Welleneigenschaft übersetzen Auge und Gehirn also in Farbe: λ oder v?

Würde sich die Frequenz beim Eintritt ins Wasser ändern, wäre kein gemeinsamer Schwingungsvorgang außer- und innerhalb des Wassers mehr möglich: Beide würden sofort außer Takt fallen. Also kann nur die Wellenlänge mit $1/n$ gehen. Die Frage nach der Farbe ist so nicht entscheidbar: Auch im Auge des Tauchers kommen sowohl λ als auch v mit denselben Werten an wie über Wasser. Beim Eintritt in den See nimmt λ ab und ändert sich dann beim Übergang in den Augapfel kaum noch. Über Wasser erfolgt die gleiche Gesamtänderung an der Hornhaut.

9.3.6. Licht fällt von unten sehr schräg auf die Seeoberfläche und wird demnach totalreflektiert. An der Seeoberfläche entstehen aber doch auch Elementarwellen, die sich in die Luft ausbreiten. Ist das nicht ein Widerspruch?

Zeichnen Sie analog zu Abb. 4.34 b diese Elementarwellen in der Luft. Ist der Grenzwinkel der

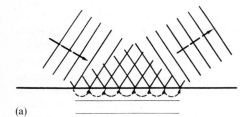

(a)

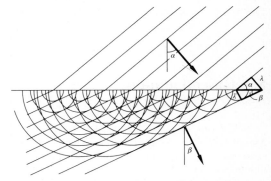

Abb. 4.34 b. Das Huygens-Prinzip erklärt die Brechung. Die von links oben einfallende Wellenfront löst an der Grenzfläche Sekundärwellen aus, die sich zu reflektierten bzw. gebrochenen Wellenfronten überlagern (Tangentialebenen an die Sekundärwellenberge)

Totalreflexion überschritten, gibt es keine Tangentialebenen an die Kreis-Wellenfronten mehr. Diese Ebenen kennzeichnen ja nur einige der Stellen, wo alle Elementarwellen konstruktiv interferieren, nämlich alle einen Berg haben. Auf allen dazu parallelen Ebenen interferieren andere Phasen ebenfalls konstruktiv. Die Elementarwellen in Luft bei Totalreflexion haben an jeder Stelle alle verschiedene Phasen, interferieren einander also weg, wie u. a. ein Zeigerdiagramm beweist. In einem mit λ vergleichbaren Abstand ist diese Destruktion noch nicht komplett, dazu wären sehr viele Phasenpfeile nötig: Die Erregung nimmt mit dem Abstand ab, bis sie bei wenigen λ unmerklich klein geworden ist (Goos-Hänchen-Effekt, Abb. 9.19, analog zum quantenmechanischen Tunneleffekt).

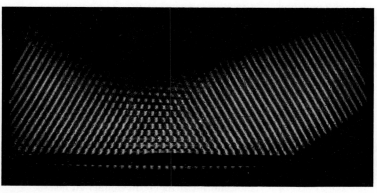

(b)

Abb. 9.19 a u. b. Eindringen einer Welle in ein totalreflektierendes Medium; (a) schematisch; (b) stroboskopische Aufnahme von Ultraschallwellen; nach *Rshevkin* und *Makarow*, Soviet Physics Acoustics

16. Nichtlineare Dynamik

Aufgaben zu 16.1 Stabilität

16.1.1. Bestimmen Sie für die 13 Phasendiagramme in Abb. 16.6 aus den dort eingetragenen Matrixelementen die Determinante D, die Spur T und die Eigenwerte der Systemmatrix sowie die Steigungen der Eigengeraden, soweit reell.

ren sind auch komplex. Anders im reellen Fall $D < T^2/4$: Hier teilen die Eigengeraden die Ebene in vier Sektoren. Jede Trajektorie bleibt immer in ihrem Sektor. Bei $D > 0$ (vollständig also $T^2/4 > D > 0$) ist die Wurzel kleiner als $T/2$, also haben

a	b	c	d	T	D	λ_1	λ_2	$(\lambda_1 - a)/b$	$(\lambda_2 - a)/b$
-4	3	-1	-2	-6	11	komplex			
-2	3	1	-4	-6	-5	-1	5	$0{,}333$	-1
-2	3	-4	2	0	8	komplex			
4	1	-1	2	6	9	3	3	-1	-1
-2	4	-3	3	1	6	komplex			
1	1	-3	5	6	8	4	2	3	1
2	4	3	6	8	0	8	0	$1{,}5$	$-0{,}5$
2	3	-3	-4	-2	1	-1	-1	-1	-1
-3	2	6	-4	-7	0	-7	0	-2	$-1{,}5$
-4	2	5	-2	-6	-2	$0{,}317$	$-6{,}316$	$2{,}159$	$-1{,}159$
2	3	1	-4	-2	-11	$2{,}464$	$-4{,}464$	$0{,}155$	$-2{,}155$
-2	1	3	2	0	7	$2{,}646$	$-2{,}646$	$4{,}646$	$-0{,}646$
1	2	3	2	3	-4	4	-1	$1{,}5$	-1

16.1.2. Klassifizieren Sie die stetigen linearen autonomen Systeme zweiter Ordnung nach der Lage von Eigenwerten und Eigenvektoren, dem qualitativen Verlauf der Orbits, Existenz und Stabilität der Fixpunkte usw. Wieviel davon läßt sich übertragen auf Systeme höherer Ordnung; diskrete Systeme; nichtlineare Systeme?

Durch die Translation, die die Inhomogenität b beseitigt, haben wir den einzigen Fixpunkt nach $\mathbf{0}$ geschoben (das homogene Gleichungssystem $A\mathbf{x} = \mathbf{0}$ hat nur die Lösung $\mathbf{x} = \mathbf{0}$, falls A die Determinante $D = 0$ hat; den Fall $D = 0$ erledigen wir in den Aufgaben 16.1.6 und 16.1.12. A habe die Spur T (Summe der Diagonalelemente). Die Eigenwertgleichung $\lambda^2 - T\lambda + D = 0$ hat die Lösungen $\lambda = T/2 \pm \frac{1}{2}\sqrt{T^2 - 4D}$. Bei $D < T^2/4$ gibt es zwei reelle, bei $D = T^2/4$ einen reellen, bei $D > T^2/4$ zwei konjugiert komplexe Eigenwerte. Im komplexen Fall bestimmt das Vorzeichen von T, ob der Realteil positiv ist (Orbits sind Auswärtsspiralen) oder negativ (Einwärtsspiralen) oder Null (geschlossene Zyklen). Eigengeraden, an die sich die Orbits anschmiegen, gibt es nicht: Die Eigenvekto

beide λ das gleiche Vorzeichen, nämlich das von T. Bei $T > 0$ laufen alle Orbits auswärts (Gipfel), bei $T < 0$ einwärts (Senke). Bei $D < 0$ haben die λ verschiedene Vorzeichen: Es gibt eine Einwärts-, eine Auswärts-Eigengerade, zwischen ihnen laufen alle Orbits am Sattelpunkt $\mathbf{0}$ vorbei. Es bleibt der Fall $D = T^2/4$. Die Freude über den einzigen Eigenwert λ ist verfrüht: Man braucht auch hier zwei unabhängige Eigenlösungen. Die erste heißt wieder $e^{\lambda t}$, die zweite $t\, e^{\lambda t}$. Die Orbits schmiegen sich der einzigen Eigengeraden an, einwärts oder auswärts, je nach dem Vorzeichen von $\lambda = T/2$. Für das diskrete System $\mathbf{x} \leftarrow A\mathbf{x}$ lautet das Eigenwertproblem $\mathbf{x} = A\mathbf{x}$ oder $(A - E)\mathbf{x} = \mathbf{0}$. Statt A muß man dann die Matrix $A - E$ analysieren.

16.1.3. Gegeben eine Reihe von Größen $x_1, \ldots,$ x_n, die voneinander nach dem Differentialgleichungssystem $\dot{x}_i = \sum a_{ik} x_k$ abhängen. Ist ein chemisches Reaktionssystem immer von dieser Art? Welchen Sinn haben dann die Variablen und Konstanten? Versuchen Sie, allgemeine Angaben über die Vorzeichen der a_{ik} zu machen. Können Sie andere Anwendungen finden? Fassen Sie die x_i zu

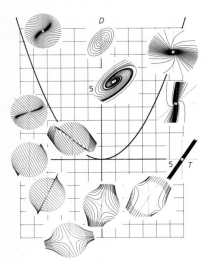

Abb. 16.6. Schon lineare stetige Systeme mit zwei Komponenten zeigen vielgestaltige Phasenporträts, hier klassifiziert nach den Werten der Systemdeterminante $D = a_{11}a_{22} - a_{12}a_{21}$ und der Spur $T = a_{11} + a_{22}$. Die Parabel $D = T^2/4$ umschließt die Spiralporträts mit zwei konjugiert komplexen Eigenwerten; die Senkrechte $T = 0$ trennt die Systeme mit stabilem bzw. instabilem Fixpunkt (vgl. Aufgabe 16.1.2). Die Eigengeraden, soweit reell, sind angedeutet

einem Vektor x, die a_{ik} zu einer Matrix A zusammen. Wie lautet das Gleichungssystem jetzt? Lösen Sie es durch folgenden Trick: Drehen Sie das Koordinatensystem, in dem x und A dargestellt sind, bis A nur noch Diagonalelemente hat und die anderen Elemente Null werden. Zeigen Sie, daß eine solche Drehung für x in der Multiplikation mit einer orthonormalen Matrix S besteht. Worin besteht sie für A? Zeigen Sie weiter, daß die Matrix S, die diese Drehung auf Diagonalform leistet, als Zeilenvektoren lauter Eigenvektoren von A hat und daß die entstehenden Diagonalelemente Eigenwerte von A sind. Wieso ist damit das Problem im Prinzip gelöst?

In der Chemie wird die Produktions- oder Zerfallsrate $\dot{x}_i$ einer Teilchensorte direkt geregelt durch die vorhandene Konzentration x_i dieser Teilchen und evtl. durch die Konzentrationen x_k, $k \neq i$ anderer Teilchen, mit denen i wechselwirkt. Elementare chemische Wechselwirkungen sind monomolekular (z. B.: ein Teilchen i zerfällt in ein Teilchen k) oder bimolekular (k und l reagieren und erzeugen i). Monomolekulare Reaktionsraten haben die Form $a_{ik}x_k$, bimolekulare $a_{ikl}x_k x_l$. Das System $\dot{x}_i = \sum_k a_{ik}x_k$ beschreibt also monomoleku-

lare Übergänge. Normalerweise ist $a_{ik} > 0$ und $a_{ii} < 0$ (außer bei autokatalytischen Reaktionen), denn je mehr k da sind, desto öfter entsteht ein i daraus, aber i zerfällt um so schneller, je mehr davon da ist. Auch allgemeinere Reaktionssysteme (mit bimolekularen Übergängen) lassen sich „linearisieren" auf die angegebene Form, wenn man als x_i nur die kleinen Abweichungen von den Gleichgewichtskonzentrationen bezeichnet. – Man fasse die x_i zum Vektor x, die a_{ik} zur Matrix A zusammen. Das System $\dot{x} = A x$ läßt sich lösen, indem man das „Koordinatensystem" dreht, was für x die Multiplikation mit einer orthonormalen Matrix S bedeutet: Der Vektor heißt in den neuen Koordinaten $x' = S x$. Für das Gleichungssystem bedeutet das $\dot{x}' = S \dot{x} = S A x = S A S^{-1} S x = A' x'$, d. h. die neue Matrix ist $A' = S A S^{-1}$. Nun wähle man S so, daß seine Spaltenvektoren alle Eigenvektoren von A sind. Dann ist nämlich A' eine Diagonalmatrix: In der Diagonale stehen die Eigenwerte von A, außerhalb der Diagonalen nur Nullen. Das folgt aus der Definition der Matrizenmultiplikation. Das System zerfällt dann in lauter ganz einfache Gleichungen: $\dot{x}'_i = a_i x'_i$, also $x'_i = x'_{i0} e^{a_i t}$. Rücktransformation mit S^{-1} liefert x_i. Die Konzentrationen sind als Summen von Exponential- oder gedämpften Sinusfunktionen darstellbar (je nachdem, ob der betreffende Eigenwert a_i reell oder komplex ist). Wenn alle Eigenwerte negativen Realteil haben, klingen alle diese Funktionen ab. Dann herrscht stabiles Gleichgewicht. Andernfalls klingen die Abweichungen vom Gleichgewicht ins Unendliche an.

16.1.4. Beweisen Sie die Richtigkeit einer „klassischen" und einer „modernen" Methode zur Bestimmung von Eigenvektoren und Eigenwerten einer Matrix A:

1. Man löse die „Säkulargleichung" $\|A - \lambda U\| = 0$. $\| \ \|$ bedeutet die Determinante der darinstehenden Matrix. U ist die Einheitsmatrix. Die Lösungen λ sind die Eigenwerte. Wie viele gibt es? Wie geht man praktisch vor, um sie zu berechnen?

2. Man nehme irgendeinen Vektor x_0 und wende A auf ihn an. Das Ergebnis normiere man durch Division durch den Faktor λ_1 und nenne es x_1. Dies Verfahren setze man fort, bis sich x_i nicht mehr ändert. Dann ist λ_i der Eigenwert mit dem größten Absolutbetrag und x_i der zugehörige Eigenvektor.

1. Die Eigenwertgleichung $A x = \lambda x$ läßt sich auch schreiben $A x - \lambda x = (A - \lambda U) x = 0$. Eine solche linear homogene Gleichung für x hat nur dann eine Lösung $x \neq 0$, wenn ihre Determinante verschwindet: $\|A - \lambda U\| = 0$. Für eine $n \times n$-Ma-

trix A ist das eine Gleichung n-ten Grades in λ. Sie hat nach dem Fundamentalsatz der Algebra genau n Lösungen, von denen allerdings einige komplex sein können. Diese Lösungen sind die Eigenwerte. $A - \lambda U$ unterscheidet sich von A dadurch, daß von allen Diagonalgliedern λ abgezogen ist. Die übliche Form der Gleichung n-ten Grades lautet so:
$$S_n - S_{n-1}\lambda + \ldots + (-1)^{n-1} S_1 \lambda^{n-1} + (-1)^n S_0 \lambda^n = 0.$$
Dabei ist S_v die „Spur v-ter Ordnung" von A, d. h. die Summe aller zur Hauptdiagonale symmetrisch liegenden Unterdeterminanten v-ter Ordnung. Speziell $S_0 = 1$, $S_1 = \sum a_{ii}$, $S_n = \| A \|$. Praktisch ist die Aufstellung der Gleichung n-ten Grades n nicht so schwierig wie ihre Lösung. Für Spezialfälle gibt es Abkürzungsverfahren. $-$ 2. Es sei $A x_i = x'_{i+1}$, der Betrag $|x'_{i+1}| = \lambda_{i+1}$, also $x'_{i+1} = \lambda_{i+1} x_{i+1}$, wo x_{i+1} normiert ist. Wenn sich x_i und damit λ_i bei der erneuten Anwendung von A nicht mehr wesentlich ändern, kann man näherungsweise den Index weglassen und erhält die Eigenwertgleichung $A x = \lambda x$. Hat man einen Eigenwert, kann man die Ordnung der Matrix um 1 reduzieren und die anderen Eigenwerte nach dem gleichen Verfahren bestimmen. Auf dem Papier ist die Multiplikation $A x$ von tödlicher Kompliziertheit, Computer machen sich nichts daraus und finden Methode 2 viel einfacher als 1.

16.1.5. Beweisen Sie: Eigenvektoren einer Matrix, die zu verschiedenen Eigenwerten gehören, sind linear unabhängig.

Vektoren a_i sind linear abhängig, wenn es Zahlen c_i gibt, so daß $\sum c_i a_i = 0$, ohne daß die c_i alle 0 sind. Die a_i seien Eigenvektoren von A, also $A a_i = \lambda_i a_i$. Wären sie linear abhängig, könnte man einen, z. B. a_n, aus den anderen kombinieren: $a_n = \sum_{i=1}^{n-1} c_i a_i$. Wir wenden A hierauf an: $A a_n = \lambda_n a_n$ $= \lambda_n \sum_1^{n-1} c_i a_i = \sum_1^{n-1} c_i \lambda_i a_i$. Die Differenz der beiden letzten Ausdrücke $\sum_1^{n-1} c_i (\lambda_n - \lambda_i) a_i = 0$ zeigt, daß schon die übrigen $n-1$ Eigenvektoren linear abhängig sein müßten. So kann man einen Vektor nach dem anderen herausnehmen, und die übrigen müßten linear abhängig sein, sogar der allerletzte ganz allein, was absurd ist: Das ganze System der a_i ist linear unabhängig, es spannt den ganzen n-dimensionalen Raum auf: Man kann jeden beliebigen Vektor aus ihnen kombinieren.

16.1.6. Beweisen Sie: Zwei Eigenvektoren einer symmetrischen Matrix, die zu verschiedenen Eigenwerten gehören, sind orthogonal.

Eine symmetrische Matrix hat $a_{ik} = a_{ki}$. Die Skalarprodukte $A x \cdot y = \sum_i \sum_k a_{ik} x_k y_i$ und $x \cdot A y$ $= \sum_i x_i \sum_k a_{ik} y_k$ sind dann beide gleich. Nun seien x und y Eigenvektoren von A zu verschiedenen Eigenwerten: $A x = \lambda x$ und $A y = \mu y$. Auch hier ist $A x \cdot y = x \cdot A y$, also $\lambda x \cdot y = \mu x \cdot y$. Da $\lambda \neq \mu$, ist das nur möglich, wenn $x \cdot y = 0$: Die Eigenvektoren stehen senkrecht aufeinander.

16.1.7. Gibt es Fälle, wo sich das inhomogene System $x = A x + b$ nicht durch eine Translation in ein homogenes überführen läßt? Was bedeutet das anschaulich? Soll man sich darüber freuen oder nicht?

Wir suchen einen Verschiebungsvektor v, so daß in den neuen Koordinaten $y = x + v$ das konstante Glied wegfällt. Dazu muß $A v = b$ sein. Eine solche Lösung v dieses inhomogenen Systems existiert nicht, wenn A die Determinante 0 hat. Dann sind die Zeilenvektoren von A linear abhängig (die Spaltenvektoren auch), d. h.: Eines der x_i läßt sich linear aus den anderen kombinieren, und dasselbe gilt für dieses x_i. Man braucht sich also nur mit den übrigen zu beschäftigen. Wenn deren Systemdeterminante nicht 0 ist, hat man die Ordnung reduziert; sonst kann man noch weiter vereinfachen.

16.1.8. Wo liegen die Eigenvektoren der Matrix eines linearen stetigen Systems zweiter Ordnung? Welche Rolle spielen sie für die Orbits? Verallgemeinern Sie auf ein System n-ter Ordnung.

Die Matrix $\begin{pmatrix} a & b \\ c & d \end{pmatrix}$ hat die Eigenwerte $\lambda_{1,2}$ $= (a+d)/2 \pm \frac{1}{2}\sqrt{(a-d)^2 + 4bc}$. Eigenvektor ist jeder Vektor der Geraden $y = (\lambda - a) x/b$. Ein Systempunkt auf einer solchen Geraden wandert gemäß $x = x_0 e^{\lambda t}$. Jede andere Trajektorie läßt sich aus beiden Eigenvektoren kombinieren wie $x = c_1 x_{10} e^{\lambda_1 t} + c_2 x_{20} e^{\lambda_2 t}$. Bei großen t gewinnt das größere λ: Die Trajektorien werden dann parallel zum entsprechenden Eigenvektor.

16.1.9. Eine $n \cdot n$-Matrix hat n Eigenwerte (nicht notwendig alle verschieden). Wenn die Matrix lauter reelle Elemente hat, sind die Eigenwerte teils reell, teils konjugiert komplexe Paare. Eine symmetrische reelle Matrix aber hat nur reelle Eigenwerte. Beweisen Sie das. Die letzte Aussage ist sehr schwierig etwa von der charakteristischen Gleichung aus. Versuchen Sie es mit dem Begriff „hermitesche Matrix"; das ist eine, bei der spiegelbildlich zur Hauptdiagonale gelegene Elemente konjugiert komplex zueinander sind.

Die ersten beiden Aussagen folgen aus dem Fundamentalsatz der Algebra, angewandt auf die charakteristische Gleichung, die ja nach Voraussetzung lauter reelle Koeffizienten hat. Wir bezeichnen die Transposition einer Matrix (Vertauschung von Zeilen und Spalten) mit einem Stern, die komplexe Konjugation mit einem Querstrich. Eine hermitesche Matrix A hat $\bar{A} = A^*$, also $\overline{A^*} = A$, und für zwei beliebige Vektoren x und y gilt $\bar{y} \cdot A\,x = \overline{A^* \bar{y}} \cdot x$. Man sieht das sofort, wenn man es komponentenweise ausschreibt: $\sum_i \bar{y}_i \sum_k a_{ik} x_k$ ist gleich $\sum_k \sum_i \bar{a}_{ki} \bar{y}_i x_k$, wenn $a_{ik} = \overline{a_{ki}}$. Nun verwenden wir als x und y einen und denselben Eigenvektor x von A: $A\,x = \lambda x$, $\overline{A^*\,\bar{x}} = \bar{\lambda}\bar{x}$. Dann ist $\bar{x} \cdot A\,x = \overline{A^*\,\bar{x}} \cdot x$, weil A hermitesch, also $\lambda\,\bar{x} \cdot x = \bar{\lambda}\bar{x} \cdot x$, $\lambda = \bar{\lambda}$, d.h. λ ist reell: Jede hermitesche und speziell jede symmetrische Matrix hat nur reelle Eigenwerte. Aussagen dieser Art und auch wie in Aufgaben 16.1.4–16.1.7 sind wichtig für die Quantenmechanik, die ja physikalische Größen durch hermitesche Operatoren und mögliche Werte dieser Größe durch deren Eigenwerte darstellt, die also zum Glück alle reell sind.

16.1.10. Können für ein stetiges lineares System zweiter Ordnung bei $4D > T^2$ beide Drehrichtungen der Spiralen bzw. Ellipsen vorkommen? Wovon hängt das ab?

Man braucht nur zu prüfen, in welchem Sinn die Orbits z.B. die x-Achse überqueren. Dort ist $y = 0$, also $y = cx$. Bei $c < 0$ laufen alle Orbits im Uhrzeigersinn. Für die y-Achse ergibt sich dasselbe bei $b > 0$. Da $4D > T^2$ nur möglich ist bei $bc < 0$, können sich beide Bedingungen nie widersprechen.

16.1.11. Welche Art Spiralen bilden die Orbits eines linearen stetigen Systems zweiter Ordnung im Fall $D > T^2/4$? Sind es Archimedische ($r = r_0 + a\varphi$), logarithmische ($r = r_0 e^{a\varphi}$) oder andere Spiralen? Welches ist ihr Steigungswinkel (Winkel gegen die Radien), wie groß ist der Abstand zwischen zwei Windungen?

$\dot{x} = ax + by$ löse man nach y auf und setze dies in die $\dot{y}$-Gleichung ein. Man erhält $\ddot{x} - (a+d)\dot{x} + (ad - bc)x = 0$, was sich wie im Fall der gedämpften Schwingung löst: $x = e^{\mu t}(x_1 \cos\omega t + x_2 \sin\omega t)$ mit $\mu = (a+d)/2$, $\omega = \frac{1}{2}\sqrt{-(a-d)^2 - 4bc}$. $y(t)$ sieht entsprechend aus mit Konstanten $y_1 = ((\mu - a)x_1 + \omega x_2)/b$, $y_2 = ((\mu - a)x_2 - \omega x_1)/b$. Überall auf dem Radius $y = mx$ ($m = \tan\varphi$) gilt $\dot{x} = (a + mb)x$, $\dot{y} = (c + md)x$, $dy/dx = \tan\beta = (c - md)/(a + mb)$. Für

den Winkel $\gamma = \beta - \varphi$ zum Radius gilt $\tan(\beta - \varphi) = (c + md - ma - m^2 b)/(a + mb + mc + m^2 d)$. Die x-Achse ($m = 0$) wird unter $\tan\gamma = c/a$, die y-Achse ($m = \infty$) unter $-b/d$ geschnitten. Orbits laufen parallel zum Radius bei $m = (d - a \pm \sqrt{(d-a)^2 + 4bc})/2b$. Das sind die Steigungen der Eigengeraden, die bei $4D > T^2$ im Reellen nicht existieren. In diesem Fall echter Spiralen schneiden alle Orbits einen Radius unter dem gleichen Winkel, der aber für jeden Radius anders ist, im Gegensatz zur logarithmischen Spirale $r = r_0 e^{a\varphi}$, wo $\tan\gamma = 1/a$ für alle Radien gleich ist, oder zur Archimedischen $r = a\varphi$, wo $\tan\gamma = r/a$ ist (je weiter außen, desto steiler; die beiden letzten Beziehungen folgen aus $\tan\gamma = r\,d\varphi/r$, was man leicht aus der Zeichnung abliest). Den Abstand zwischen Spiralarmen finden wir z.B. auf der x-Achse: $x = 0 \Rightarrow \tan\omega t = -x_1/x_2$. Zeitlicher Abstand $\Delta t \approx \pi/\omega$, räumlicher folgt aus $r_{n+1}/r_n \approx \pi\mu/\omega$. Die log-Spirale hat hier exakt $e^{2\pi a}$, die Archimedische hat konstanten Abstand $2\pi a$.

16.1.12. Wie verhält sich ein lineares stetiges System zweiter Ordnung, dessen Systemdeterminante 0 ist? Unter welchen Bedingungen ist ein Eigenwert 0? Wie sieht dann der andere aus?

Wenn die Determinante $D = 0$ ist und damit ein Eigenwert 0, der andere $T = a + d$, sind die beiden Gleichungen für $\dot{x}$ und $\dot{y}$ linear abhängig: $\dot{y} = c\dot{x}/a$, d.h. eine ist eigentlich überflüssig. Es bleibt z.B. $\dot{x} = ax + by$. Das wird 0, und y ebenso, auf der ganzen Geraden $y = ax/b$. Auf diese Gerade streben alle Orbits zu oder von ihr weg, und zwar bilden sie ihrerseits Geraden $y = cx/a$. Speziell bei $b = c$ stehen sie senkrecht auf der „Fixgeraden".

16.1.13. Kann man die Orbits eines linearen Systems als Feldlinien auffassen? Unter welchen Umständen gibt es ein Potential? Wie sehen dann die Potentiallinien aus?

In einem Potentialfeld kann man die Feldstärke, hier $\dot{x}$, als Gradient einer Potentialfunktion $\varphi(x, y)$ darstellen: $\dot{x} = (\dot{x}, \dot{y}) = (f(x, y), g(x, y)) = -(\varphi_x, \varphi_y)$. (Index: Partielle Ableitung.) Wenn eine solche Funktion existiert, spielt die Reihenfolge der Ableitungen nach x und y keine Rolle: Es muß $\varphi_{xy} = \varphi_{yx}$ sein (Cauchy-Riemann-Dgl.), was hier bedeutet $f_y = g_x$ und im linearen System zweiter Ordnung mit der Matrix $\begin{pmatrix} a & b \\ c & d \end{pmatrix}$ einfach $b = c$. Die Matrix muß symmetrisch sein. Nach Aufgabe 16.1.6 sind die Eigenvektoren dann orthogonal, die Eigenwerte $\frac{1}{2}(a+d) \pm \frac{1}{2}\sqrt{(a-d)^2 + 4b^2}$ immer reell. Das Potential φ ist leicht zu finden: $\varphi =$

$-(\frac{1}{2}ax^2+bxy+\frac{1}{2}dy^2)$. Die Koordinatendrehung, die A diagonalisiert, bringt φ auf die Form $\varphi=-\frac{1}{2}(\lambda_1 x^2+\lambda_2 y^2)$. Niveaulinien sind Ellipsenbzw. Hyperbelscharen, je nachdem, ob die Eigenwerte gleiche oder verschiedene Vorzeichen haben. Damit ein System dritter Ordnung ein Potential hat, muß rot $\boldsymbol{x}=0$ sein (vgl. Aufgabe 6.1.4). Mit $\boldsymbol{x}=(u,v,w)$ bedeutet das $w_y=v_z$, $u_z=w_x$, $v_x=u_y$. Auch die $3\cdot3$-Matrix muß symmetrisch sein, die Eigenwerte sind reell, die Eigenvektoren orthogonal.

16.1.14. Hat das System, beschrieben durch die Dynamik
$$\dot{x}=x-ay/(x^2+y^2)-bx\sqrt{x^2+y^2}+cx^2$$
$$\dot{y}=y+ax/(x^2+y^2)-by\sqrt{x^2+y^2}+cxy$$
mit $a,b,c>0$, $c<b$ Fixpunkte, Grenzzyklen? Wie sehen sie aus? Sind sie stabil? Rechnen Sie in Polarkoordinaten um, wie schon das Auftreten von x^2+y^2 nahelegt.

Natürlich ist dies nur eine hinterlistige Verkleidung von $\dot{r}=r-(b-c\cos\varphi)r^2$, $\dot{\varphi}=a/r^2$, wie man mühsam feststellt. Einen Fixpunkt gibt es nicht, denn $\dot{\varphi}$ wird nie 0. $\dot{r}=0$ liefert den Grenzzyklus $r=1/(b-c\cos\varphi)$, der mit der Winkelgeschwindigkeit $\dot{\varphi}=a/r^2$ durchlaufen wird. Das sieht aus wie der Flächensatz, das zweite Kepler-Gesetz, und tatsächlich gibt $r(\varphi)$ mit $b=1/p$, $c=\varepsilon/p$ die Polarform der Kepler-Ellipse. Bezeichnen wir das Grenzzyklus-$r(\varphi)$ als $r_0(\varphi)$ und nehmen eine kleine Abweichung $\varrho(\varphi)$ davon an, dann gilt $\dot{r}=\dot{r}_0+\dot{\varrho}=r_0+\varrho-(r_0^2+2r_0\varrho)(b-c\cos\varphi)$, also $\dot{\varrho}=-\varrho$: Die Abweichung klingt mit $\varrho=\varrho_0 e^{-t}$ ab, die Bahn ist stabil. Natürlich ist damit nichts über die Stabilität des Sonnensystems gesagt, denn der Grenzzyklus wurde auf ganz mechanik-widrige Weise erzwungen, wie schon die unsinnigen Einheiten zeigen.

16.1.15. Kann ein lineares System einen Grenzzyklus haben? Wie viele Fixpunkte kann es haben? Prüfen Sie die allgemeine Theorie an einem System zweiter Ordnung.

Wir schreiben die n Systemgleichungen für die n Komponenten vektoriell: $\dot{\boldsymbol{x}}=A\boldsymbol{x}+\boldsymbol{b}$. Es soll $\dot{\boldsymbol{x}}=0$, also $A\boldsymbol{x}=-\boldsymbol{b}$ sein. Bei $\boldsymbol{b}\ne 0$ und einer Determinante $|A|\ne 0$ gibt es genau eine Lösung, d.h. genau einen Fixpunkt (Berechnung nach der Kramer-Regel). $\boldsymbol{b}=0$ und $|A|\ne0$ läßt nur die „triviale" Lösung $\boldsymbol{x}=0$ zu; dort ist der einzige Fixpunkt. Den Fall $|A|=0$ studieren wir für $n=2$: $ax+by=-c$, $dax+dby=-e$ führt zum Widerspruch, außer bei $e=dc$. In diesem Fall ist jeder Punkt der Geraden $y=-(ax+c)/b$ eine Lösung

von $\dot{x}=0$. Aber es gilt ja $\dot{y}=d\dot{x}$, also $y=dx+f$ ($f=y_0-dx_0$). In die erste Gleichung eingesetzt: $\dot{x}=(a+bd)x+c+bf=Ax+B$ mit der Lösung $x=(x_0+B/A)e^{At}-B/A$. Bei $A>0$ geht das gegen Unendlich, bei $A<0$ gegen $-B/A$. Die Anfangsbedingungen selektieren also nur höchstens einen Punkt der Geraden als Fixpunkt. Grenzzyklen gibt es in linearen Systemen nicht.

16.1.16. Wie sieht das Phasenporträt eines Schwerependels ohne Beschränkung auf kleine Amplituden, aber ohne Reibung aus? Was ändert sich, wenn Reibung vorliegt?

Bewegungsgleichung $ml\ddot{\alpha}+mg\sin\alpha=0$. Der Phasenraum hat die Koordinaten α und $\dot{\alpha}$. Der Energiesatz liefert $W_{\text{kin}}=\frac{1}{2}ml^2\dot{\alpha}^2=W_{\text{pot}}=mgl$ ($\cos\alpha-\cos\alpha_0$), vom Vollausschlag α_0 an gerechnet, also $\dot{\alpha}=\sqrt{2g/l}\sqrt{(\cos\alpha-\cos\alpha_0)}$. Beim kopfstehenden Pendel $\alpha_0=\pi$ folgt $\dot{\alpha}=\sqrt{2g/l}$ $\sqrt{(1+\cos\alpha)}=\sqrt{2g/l}\cos\alpha/2$. Diese cos-Linie trennt die geschlossenen Trajektorien ohne Überschlag von den offenen mit Überschlag. Nur ganz innen (für kleine α_0) liegen die Ellipsen des linearen Schwingers.

16.1.17. Erklären Sie das Phasenporträt von Abb. 16.5.

In der Kugel $(r<R)$ gilt ein lineares Kraftgesetz, das die Ellipsen des Sinuspendels erzeugt, außerhalb $F\sim 1/r^2$ (Orbits s. Aufgabe 16.1.18). Der Übergang zwischen beiden erfolgt stetig und knickfrei: Wegen $v'v=\dot{v}$ würde ein Knick in v' auch eine Unstetigkeit in F bedeuten.

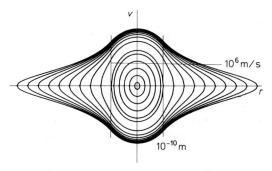

Abb. 16.5. Phasenporträt eines Elektrons innerhalb und außerhalb einer homogen positiv geladenen Kugel (Atommodell von Thomson, vgl. Aufgabe 16.1.17). Für den Fall aus großer Höhe durch einen Schacht, der der ganzen Erdachse folgt, gilt dasselbe, falls kein Luftwiderstand herrscht

16.1.18. Ein Elektron rast geradlinig auf ein Proton zu. Wie sieht das Phasenporträt aus? Hat es Wendepunkte, wenn ja, wo (Abb. 16.4)?

Der Energiesatz liefert die geschlossene Lösung $v = e/\sqrt{2\pi\varepsilon_0 m}\ \sqrt{(1/r - 1/r_0)}$. Bei $r = r_0$, $v_0 = 0$ beginnt eine zunächst geringe Beschleunigung; nahe dem Proton kommt es auf die Anfangswerte kaum noch an; dazwischen liegt ein Wendepunkt bei $r = 3r_0/4$ (Nullsetzen der zweiten Ableitung). Über die Grenzkurve $v = e/\sqrt{2\pi m\varepsilon_0 r}$ für $r_0 = \infty$ kommt keiner hinaus, der mit $v_0 = 0$ beginnt.

16.1.19. Ein Mensch fällt aus einem Flugzeug. Wie sieht das Phasenporträt aus? Berücksichtigen Sie die Höhenabhängigkeit der Luftdichte (Abb. 16.2).

Dies ist nicht mehr geschlossen, sondern nur noch durch Iteration lösbar: $m\dot v = g - \frac{1}{2}A\varrho_0 e^{-h/H}v^2$. Wir wissen aber: Nach kurzer Zeit mündet $v(h)$ in die stationäre Kurve $v_{st} \sim e^{-h/2H}$ ein, die sich aus der Gleichheit von Schwerkraft und Luftwiderstand ergibt. Diese Einstellzeit folgt annähernd aus $gt = v_{st}$, ist also in der Höhe länger.

16.1.20. Ein antriebsloser Satellit kehrt auf die Erde zurück oder ein Meteorit schlägt ein. Wie sieht das Phasenporträt eines solchen Fluges in radialer Richtung aus? Berücksichtigen Sie die Höhenabhängigkeit der Luftdichte und der Erdbeschleunigung (Abb. 16.3).

Oberhalb von etwa 80 km ist die Luft so dünn, daß abgesehen von der leichten g-Änderung die liegende Parabel des freien Falles herauskommt. Um 80 km geht sie in die e-Kurve der stationären Geschwindigkeit über. Diese Höhe sinkt, die Endgeschwindigkeit steigt mit zunehmender flächenbezogener Masse des Körpers.

16.1.21. Zeigen Sie, daß die meist graphisch begründete Bedingung für die Stabilität eines stationären Wertes x_s eines diskreten Modells $x_{t+1} = f(x_t)$, nämlich $|f'(x_s)| < 1$, auch aus der in Abschnitt 16.1.2 entwickelten Stabilitätsanalyse folgt.

Graphisch: Ein Fixpunkt von $x \leftarrow f(x)$ ist ein Schnittpunkt der Kurve $y = f(x)$ mit der Geraden $y = x$. Die Spinne, die von x zur Kurve steigt und dann waagerecht zur Geraden geht, um das neue x zu finden usw., landet schließlich im Fixpunkt, falls die Kurve die Gerade dort von oben kommend

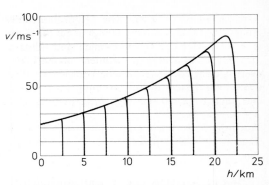

Abb. 16.2. Phasenporträt eines Menschen, der aus einem Flugzeug springt, vor Öffnung des Fallschirms. Die Luftdichte soll exponentiell von der Höhe abhängen (vgl. Aufgabe 16.1.19)

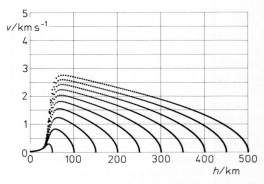

Abb. 16.3. Phasenporträt eines Satelliten, der aus der Höhe h_0 radial auf die Erde stürzt. Luftdichte und Erdbeschleunigung hängen von der Höhe ab (Aufgabe 16.1.20)

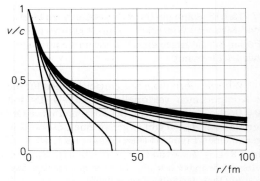

Abb. 16.4. Phasenporträt eines Elektrons, das aus einem gewissen Abstand kommend von einem Proton angezogen wird (vgl. Aufgabe 16.1.18; hier relativistisch berechnet)

schneidet, aber nicht steiler als 45° (vgl. Aufgabe 3.3.38). Analytisch: In der Nähe des Punktes x_s mit $x_s = f(x_s)$ schreiben wir $x = x_s + u$ und linearisieren $x_s + u_{t+1} = f(x_s + u_t) = f(x_s) + f'(x_s) u_t$, also

$u_{t+1} = \lambda u_t$ mit $\lambda = f'(x_s)$. Danach ist $u_t = \lambda^t u_0$. Dies geht gegen 0 oder gegen ∞, die Abweichung von x_s verschwindet also oder wächst unbegrenzt, je nachdem, ob $|f'(x_s)| \lessgtr 1$.

Aufgaben zu 16.2   Nichtlineare Schwingungen

16.2.1. Was kommt heraus, wenn man über $\sin^{2n} x$ (was natürlich heißen soll $(\sin x)^{2n}$; n sei eine natürliche Zahl) integriert, speziell von 0 bis $\pi/2$?

Es sei $I_n = \int \sin^{2n} x \, dx$. Der Integrand $\sin^{2n-1} x \sin x$ ergibt, partiell integriert, $-\sin^{2n-1} x \cos x - (2n-1) \int \sin^{2n-2} x \cos^2 x \, dx$. Mit den Grenzen 0, $\pi/2$ verschwindet der erste Term. Im zweiten setzt man $\cos^2 x = 1 - \sin^2 x$, womit man hinten wieder I_n erhält, das man natürlich mit dem vorderen zusammenfaßt: $I_n = (2n-1)/(2n) I_{n-1}$. So arbeitet man sich hinunter bis $I_0 = \int_0^{\pi/2} \sin^2 x \, dx = \pi/4$ (die $\sin^2$-Kurve schwingt symmetrisch um $y = \frac{1}{2}$).

Also z.B. $I_3 = -\frac{1}{4} \pi \, 5 \cdot 3 \cdot 1/(6 \cdot 4 \cdot 2) = -\frac{1}{4} \pi \binom{-1/2}{3}$, allgemein $I_n = (-1)^n \frac{1}{4} \pi \binom{-1/2}{n}$.

16.2.2. Bestimmen Sie $\int_0^{\pi/2} d\alpha / \sqrt{\cos \alpha - \cos \alpha_0}$ durch Reihenentwicklung des Integranden. Wählen Sie aber eine neue Variable, nach der die Entwicklung besser konvergiert als nach $\cos \alpha$. Beachten Sie auch, ob sich die Reihenglieder selbst integrieren lassen.

Eine Entwicklung nach $\cos \alpha$ würde sehr schlecht oder gar nicht konvergieren, weil dies sogar größer ist als $\cos \alpha_0$. Etwas besser sähe es aus, wenn man $\cos \alpha = \cos^2 \alpha/2 - \sin^2 \alpha/2 = 1 - 2 \sin^2 \alpha/2$ benutzt, also $\sin^2 \alpha_0/2 - \sin^2 \alpha/2$ betrachtet, denn hier ist das zweite Glied meist kleiner als das erste, obgleich immer noch zu groß für eine vernünftige Entwicklung. Außerhalb haben die Integrale über die einzelnen Glieder der Reihe, d.h. über $\sin^{2n} \alpha/2$, nur dann einigermaßen handliche Form, wenn die Integration sich von 0 bis $\pi/2$ oder π erstreckt. Dies erreicht man, wenn man $(\sin \alpha/2)/\sin \alpha_0/2 = \sin v$ setzt und somit den α-Bereich $(0, \alpha_0)$ in den v-Bereich $(0, \pi/2)$ transformiert. Wegen $\cos v \, dv = 2 \cos (\alpha/2) \, d\alpha / \sin (\alpha_0/2)$ geht dann das Integral in ein sog. elliptisches Integral zweiter Gattung über, und seine Binomialentwicklung lautet mit $k = \sin (\alpha_0/2)$

Das Integral über $\sin^{2n} v \, dv$ enthält merkwürdigerweise genau den gleichen Faktor (Aufgabe 16.2.1):

$$\int_0^{\pi/2} \sin^{2n} v \, dv = \frac{\pi}{4} (-1)^n \binom{-1/2}{n}.$$

So erhält man

$$\int_0^{\alpha_0} \frac{d\alpha}{\sqrt{\cos \alpha - \cos \alpha_0}} = \sqrt{2} \, \frac{\pi}{4} \sum_{n=0}^{\infty} \binom{-1/2}{n}^2 \sin^{2n} \frac{\alpha_0}{2}.$$

16.2.3. Die „Hispaniola" sucht Treasure Island nach Billy Bones' Karte. Dort gibt es bekanntlich drei Berge; auf den höchsten hat Ben Gunn Captain Flints Schatz transferiert. Um wieviel durfte die Amplitude der Schiffs-Pendeluhr schwanken, damit Captain Smollett die Insel finden konnte?

Nach John Silvers Mord am armen Tom rannte Jim Hawkins in seiner Angst, bis er Ben Gunn traf, den halben Spyglass-Berg hinauf. Dieser mag also 800 m hoch und damit aus 100 km Entfernung sichtbar gewesen sein, was knapp 1° und 4 Zeitminuten entspricht. Wenn Treasure Island in der Karibik liegt, könnte die Reise 14 Tage gedauert haben. Der relative Fehler der Uhr dürfte nicht mehr als 1/2000 betragen haben. Wenn die Amplitude α_0 ihres Pendels um ihren Sollwert α_1 schwankte wie $\alpha_1 + \alpha_2 \sin \omega t$, weicht der Mittelwert der Periode vom Sollwert $T_1 = T_0 (1 + \frac{1}{16} \alpha_1^2)$ relativ ab um $\frac{1}{32} \alpha_2^2$, also dürfte die Schwankung α_2 höchstens 0,3° betragen haben. Hoffentlich hatte Captain Smolletts Uhr eine Huygens-Aufhängung.

16.2.4. Stellen Sie $\sin^n x$ und $\cos^n x$ durch Summen von Gliedern der Form $\sin k x$ bzw. $\cos k x$ dar. Dasselbe für $\cos^2 x \sin x$ usw.

Alle genannten Ausdrücke kommen in der Binomialentwicklung von $e^{inx} = \cos n x + i \sin n x = (\cos x + i \sin x)^n$ vor. Man sammle und vergleiche die Real- bzw. Imaginärteile, z.B. für $n = 3$:

$$\int_0^{\pi/2} \frac{dv}{\sqrt{1 - k^2 \sin^2 v}} = \int_0^{\pi/2} (1 - k^2 \sin^2 v)^{-1/2} \, dv = \sum_{n=0}^{\infty} \int_0^{\alpha_0} \binom{-1/2}{n} (-k^2 \sin^2 v)^n.$$

13

$\cos 3x = \cos^3 x - 3\cos x \sin^2 x = 4\cos^3 x - 3\cos x$. Auch $\cos^2 x \sin x$ kommt in dieser Entwicklung vor: $\sin 3x = 3\cos^2 x \sin x - \sin^3 x = 4\cos^2 x \sin x - \sin x$.

16.2.5. Beschreiben Sie die $x_1(\omega)$-Resonanzkurve für den Duffing-Schwinger genauer. Wie verläuft der „Rüssel" bei $E > 0$ ins Unendliche? Wie dick ist er? Wie sieht er bei $E < 0$ aus, speziell bei $\omega = 0$?

$$x_1(D - m\omega^2) + \tfrac{3}{4}E x_1^3 = F \qquad (16.16)$$

Im Fall $E > 0$ interessieren uns große ω. Bei $m\omega^2 \gg D$, $m\omega^2 \gg F/x$ folgt aus (16.16) die Amplitude $x_1 \approx \sqrt{4m/3E\omega}$. Die nächste Näherung schreiben wir $x_1 = \sqrt{4m/3E}\,\omega + \varepsilon$ und setzen dies in (16.16) ein, wobei wir natürlich nur bis zum in ε linearen Glied gehen. Es folgt unter Beachtung der Näherung $\varepsilon = -D/(2\omega)\sqrt{4/3mE}$. Der „Rüssel" (von dessen beiden Ästen eigentlich der eine im Positiven, der andere im Negativen liegt: Wurzelvorzeichen! Phasensprung um π beim Übergang vom einen zum anderen) wird nach rechts zu immer schmäler, seine Achse bildet die Gerade $x = \sqrt{4m/3E}\,\omega$. Im Fall $E < 0$ gibt es dann und nur dann drei Lösungen, also einen „Rüssel", wenn $D > 3(F^2 E)^{1/3}$ ist. Hier interessieren kleine ω, speziell $\omega = 0$. Wie das ω^2 in (16.16) zeigt, ist das ganze $x_1(\omega)$-Bild symmetrisch zur x_1-Achse, die Kurven schneiden also diese Achse alle rechtwinklig (auch bei $E > 0$). Wie dick ist der Rüssel dort? Es geht um den Abstand zwischen der größeren positiven und dem Betrag der negativen Lösung von $x^3 - 4Dx/(3|E|) + 4F/(3|E|) = 0$. Da $x_1 + x_2 + x_3 = 0$ (kein quadratisches Glied vorhanden), ist dieser Abstand gleich der dritten Lösung. Wenn diese klein ist, ist die gleiche Näherung wie oben erlaubt und liefert eine halbe Breite $\varepsilon = -F/2D$.

16.2.6. Führen Sie die Fourier-Zerlegung für den Grenzzyklus der van der Pol-Gleichung ausführlich durch.

Vom Fourier-Ansatz $x = \sum\limits_{n=0}^{\infty} a_n \cos n\omega t + b_n \sin n\omega t$ brauchen wir im kleinen Störglied $-\varepsilon(x_k^2 - x^2)\dot{x}$ nur die cos-Grundschwingung: $-\varepsilon(x_k^2 - a_1^2 \cos^2 \omega t) a_1 \omega \sin \omega t = -\varepsilon a_1 \omega (x_k^2 - a_1^2/4) \sin \omega t - a_1^2/4 \sin 3\omega t)$ (vgl. Aufgabe 16.2.1). Dies muß gleich $-m\omega^2 \Sigma n^2(a_n \cos n\omega t + b_n \sin n\omega t) + D \Sigma (a_n \cos n\omega t + b_n \sin n\omega t)$ sein. Der Koeffizientenvergleich gibt

für	aus den cos-Gliedern	aus den sin-Gliedern
$k = 1$	$m\omega^2 = D$	$a_1 = 2x_k$
$k = 2$	$a_2 = 0$	$b_2 = 0$
$k = 3$	$a_3 = 0$	$b_3 = -\varepsilon a_1^3 \omega/(32D)$
		$= -\varepsilon \omega x_k^3/(4D)$

16.2.7. Stellen Sie die Gleichungen für Strom und Diodenspannung für den nichtlinearen Schwingkreis von Abb. 16.15 auf, beseitigen Sie möglichst viele Parameter und simulieren Sie $U(t)$, $I(t)$ bzw. $I(U)$ auf dem Computer. Beachten Sie, daß der Einschwingvorgang sehr lange dauern kann (manchmal mehr als 1000 Perioden!). Ab wann erwarten Sie $U(t)$-Verläufe, die nicht mehr sinusförmig sind? Wieso ist $I(t)$ dann doch noch sinusförmig? Wieso können zwei Dgl. erster Ordnung schon Chaos liefern? Kann bei einer normalen Diode (Abschnitt 14.4.3) Ähnliches vorkommen?

$\dot{I} = (U_0 \cos \omega t - R I - U)/L$, $U = I/C(U/U_1 + 1)$, mit $x = U/U_0$, $y = R I/U_0$, $z = \omega t$ wird daraus $x' = B y(D x + 1)$, $y' = A(\cos z - x - y)$. Bei $A = 0{,}06$, $B = 10$, $D = 3$ Dreierperiode, die schon bei $D = 3{,}1$ in eine Neunerperiode aufspaltet. Die beste Annäherung ans Realexperiment ergibt sich bei $AB \approx 10$. Sinusform gilt nur, wenn beide Gln. effektiv linear sind, also bei $x \ll 1/D$, d.h. $U \ll U_1$. Dann ist $x = x_1 e^{iz}$, $y = y_1 e^{iz}$ mit komplexen x_1 und y_1. Einsetzen liefert $y_1 = A/(A + i - iAB)$, $x_1 = AB/(AB - 1 + i)$. Die Dgl. sind nichtautonom, formal kommt eine dritte dazu, nämlich $\dot{z} = \omega$ oder $z' = 1$, womit *Poincaré–Bendixson* zufrieden sind. Bei der normalen Diode sind U und I direkt gekoppelt: $I = I_0(e^{eU/kT} - 1)$, nicht U und Q wie beim Varaktor. Dann haben wir nur eine Gleichung $L\dot{I} + RI + (kT/e) \ln(I/I_0 + 1) = U_0 \cos \omega t$ bzw. zwei formal autonome einschließlich $\dot{z} = \omega$.

16.2.8. Mit welcher Zeitabhängigkeit muß das Kind seinen Schwerpunkt auf- bzw. abwärts verschieben, um die Schaukel anzuwerfen? Stellen Sie die Dgl. der Schaukel auf unter den Bedingungen a) noch kleine Amplitude, b) Schwerpunktsverschiebung $\ll$ Länge der Aufhängung.

Das Kind verschiebt seinen Schwerpunkt mit der doppelten Frequenz der Schaukel um $l_1 \sin 2\omega t$ gegenüber der mittleren Länge l_0 der Aufhängung. $x = x_0 \sin \omega t$, $y = l = l_0 + l_1 \sin 2\omega t$ ergibt die verlangte „liegende Acht". Nun ist $\sin 2\omega t = 2\sin \omega t \cos \omega t = 2x\dot{x}/\omega x_0^2$, also $l = l_0 + 2 l_1 x\dot{x}/\omega x_0^2$. In der Pendelgleichung $m\ddot{x} + k\dot{x} + mg x/l$ würde dann die Summe im Nenner mehr stören als im Zähler. Da $l_1 \ll l_0$, können wir schreiben $l = l_0 + l_1 \sin 2\omega t \approx l_0/(1 - (l_1/l_0) \sin 2\omega t)$ und erhalten $m\ddot{x} + mg x/l_0 + \dot{x}(k - 2mg l_1 x^2/l_0^2 \omega x_0^2)$. Das ist eine van der Pol-Gleichung, allerdings mit umgekehrtem Störglied-Vorzeichen: Dämpfung bei $k > 2mg l_1/(\omega l_0^2)$ (bei zu kleinem l_1 kommt die

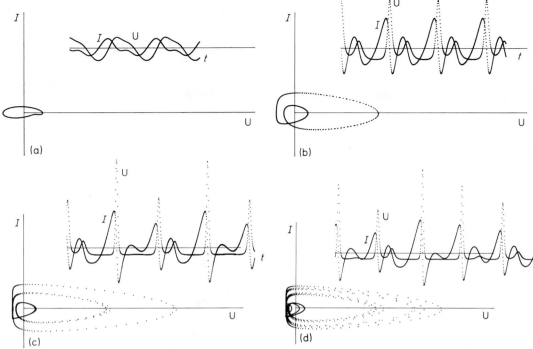

Abb. 16.15 a–d. Nichtlinearer Schwingkreis mit Varaktor statt Kondensator. Oben: Zeitlicher Verlauf des Stromes I und der Spannung U am Varaktor. Unten: Phasendiagramm $U(I)$; dieses läuft viel längere Zeiten als die Kurven $U(t)$, $I(t)$, um klar zu zeigen, ob Periodik herrscht. Zwischen je zwei Plotpunkten liegen vier berechnete Punkte. Kontrollparameter ist die an den Kreis angelegte Spannungsamplitude U_n. Nur bei sehr kleinem U_0 ergibt sich der vom linearen Serienschwingkreis bekannte Verlauf (Phasenellipse). Mit steigendem U_0 durchläuft man eine Folge von Periodenverdopplungen nach dem Feigenbaum-Muster bis zum chaotischen Verhalten. Oberhalb $U_0 = 1{,}55$ folgt dann aber merkwürdigerweise wieder ein völlig regulär-periodisches Verhalten. Ähnlich wie diese Computer-Simulation mit etwas schematischer Varaktor-Kennlinie verhält sich der reale Schwingkreis

Schaukel nicht in Gang), andernfalls wird die Schwingung angefacht, in dieser Näherung unbegrenzt.

16.2.9. In einem LCR-Serienschwingkreis ändert man die Kapazität C in der für die Schaukel gefundenen Weise. Wie reagiert der Schwingkreis?

$U = Q/C$ sei die Spannung am Kondensator. Die Kirchhoff-Gleichung $L\ddot{U} + R\dot{U} + U/C = 0$ verwandelt sich mit $C = C_0 + C_1 \sin 2\omega t$ analog zu Aufgabe 16.2.8 in eine van der Pol-Gleichung mit der Anfachbedingung $C_1 > \omega C_0^2 R$. So kann man einen Schwingkreis parametrisch erregen, ebenso auch durch geeignetes Wackeln an anderen elektrischen Parametern wie L oder R.

16.2.10. Die folgenden sechs Aufgaben wenden sich an leidenschaftliche Integralknacker. Berechnen Sie das bestimmte Integral $\int_0^1 x^a (1-x)^b \, dx$, genannt Eulersche Betafunktion $B(a+1, b+1)$, für ganzzahlige a and b durch mehrfache partielle Integration. Die Fakultät im Ergebnis läßt sich auch für unganze a, b durch ihre Verallgemeinerung, die Gamma-Funktion, ersetzen. Dann transformieren Sie mittels $t = \sin^2 \varphi$ auf ein Integral, das wir brauchen werden.

Aus $I(a,b) = \int_0^1 x^a (1-x)^b \, dx$ erhalten wir durch Raufintegrieren von x^a und Runterdifferenzieren des anderen Gliedes $b/(a+1) \, I(a+1, b-1)$ (der Term ohne Integral ist 0 wegen der Grenzen). Dies treiben wir, falls b eine natürliche Zahl ist, weiter bis $I(a+b-1, 0) = 1/(a+b)$. Inzwischen sind b Faktoren davorgerutscht: $I(a,b) = b(b-1)\ldots 1/((a+1)(a+2)\ldots(a+b)) = b! \, a!/(a+b)!$, allgemein $I(a,b) = \Gamma(a+1)\,\Gamma(b+1)/\Gamma(a+b+1)$ auch für unganze a, b. Mit $x = \sin^2 \beta$, $dx = 2\sin\beta\cos\beta$ folgt $I(a,b) = 2\int_0^{\pi/2} \sin^{2a+1}\beta \cos^{2b+1}\beta \, d\beta$.

16.2.11. Im neuen Zentrum Stockholms haben Straßenzüge, Brunnen usw. die Form von „Superellipsen": $(x/a)^{2,5} + (y/b)^{2,5} = 1$. Plotten Sie diese Kurven für verschiedene Exponenten. Die Fläche innerhalb der Kurve $(x/a)^{1/c} + (y/b)^{1/d} = 1$ ist $4\,a\,b\,c\,d/(c+d)\,B(c,d)$. Man findet das, wenn man im Flächenintegral die störende Klammer zur Variablen ernennt. Was kommt für die übliche Ellipse heraus? Alles läßt sich auch ins n-Dimensionale übertragen.

Die Super- und Subellipsen $(c = d)$ vermitteln den Übergang von der normalen Ellipse $(c = \frac{1}{2})$ zum liegenden Rechteck $(c = 0)$, nach der anderen Seite über den Rhombus $(c = 1)$ zum Linienkreuz $(c = \infty)$. $c = \frac{3}{2}$ gibt die Astroide, unser Karo der Spielkarten. Die Fläche $4\int_0^a y\,dx = 4\,a\,b\int_0^1 (1-u^{1/c})^d\,du$ $(u = x/a, \ v = y/b)$ geht mit $s = 1-u^{1/c}$ über in $4\,a\,b\,c\int_0^1 s^d(1-s)^{c-1}\,ds = 4\,a\,b\,c\,B(d+1,c) = 4\,a\,b\,c\,d/(c+d)\,\Gamma(c)\,\Gamma(d)/\Gamma(c+d)$. Für die normale Ellipse folgt $a\,b\,\Gamma(\frac{1}{2})^2$, also $\Gamma(\frac{1}{2}) = \sqrt{\pi}$. Bei $c > 2$ sind die Pole oben und unten glatt, bei $1 < c < 2$ haben sie einen Knick, bei $c < 1$ eine scharfe Spitze. d bestimmt entsprechend die Form der Pole rechts und links. Man sieht das aus der Stetigkeit von $dy/dx \sim x^{c-1}/y^{d-1}$. Ein kleines d und großes c erzeugt Münder von beliebiger Sinnlichkeit, besonders wenn man die Exponenten für oben und unten verschieden macht. Im Dreidimensionalen ist das Super-Ei mit Exponenten $> 2{,}5$ interessant: Es steht auf jedem seiner sechs Pole stabil. Gäbe es in Spanien Superhühner, hätte Columbus es leichter oder schwerer gehabt?

16.2.12. Flugzeuge starten und landen immer gegen den Wind (warum?). Auf Flugplätzen mit einer oder wenigen Startbahnen ist das nur annähernd erfüllt. Legen Sie einen möglichst kleinen Flugplatz an, auf dem in jeder Windrichtung die Startbahnlänge L zur Verfügung steht, a) wenn der Wind aus jeder Richtung kommen kann, b) wenn er nur aus dem Sektor W-SW-S oder N-NO-O wehen kann. Zeigen Sie, daß Hypozykloiden dies erfüllen (ein Rad rollt in einem größeren ab). Kommen auch „Superellipsen" in Frage?

Einen Kreis vom Durchmesser L zu betonieren, ist teuer und landschaftsfressend. Die Dreispitz-Hypozykloide (Rad mit $r = R/3$ rollt im Kreis mit R) hat in jeder Richtung den Durchmesser $L = 4\,R/3$. Man sieht das am einfachsten, wenn man zwei Räder mit $r = R/3$ durch eine Pleuelstange der Länge L verbindet und im R-Kreis rollen läßt. Die Stange bleibt immer ganz in dem Dreispitz und bildet dessen Innentangente. Die

Gleichung einer Hypo- oder auch Epizykloide (wo das Rad außen am Kreis abrollt) erhalten wir am besten komplex: Die Radfelge läuft auf einem $R+r$-Kreis, sie rotiert $(R-r)/r$-mal schneller als sie umläuft (Epi: $r > 0$, Hypo: $r < 0$): $z = (R+r)e^{i\varphi} + r\,e^{i(R-r)\varphi/r}$. Spaltet man das nach x und y, bildet dx und $\int_0^{\pi/2} y\,dx$, hat man Terme mit $\sin^2\varphi$, die π ergeben (vgl. Effektivwert!), mit $\sin\varphi \sin n\varphi$, die 0 ergeben (Fourier!), und mit $\sin^2 n\varphi$, die $n\pi$ ergeben. Im Ganzen: Fläche $\pi(R+r)(R+2r)$. Der Dreispitz $(r = -R/3)$ hat $2\pi r^2$, also genau halb soviel wie der Kreis mit dem verlangten Durchmesser $4\,r$. Wenn der Wind nur aus zwei Quadranten kommen kann, genügt ein Viertel der Astroide (Aufgabe 16.2.11). Diese entsteht auch als Hypozykloide: Rad mit $r = R/4$ rollt im Kreis mit R. Man sieht das aus der Parameterdarstellung $x(\varphi)$, $y(\varphi)$, wenn man hier $\cos 3\varphi$ usw. laut Aufgabe 16.2.4 in Potenzen von $\cos\varphi$ verwandelt. Es bleibt nur $x = 4\,r\cos^3\varphi$, $y = 4\,r\sin^3\varphi$, und der Pythagoras heißt hier $x^{2/3} + y^{2/3} = R^{2/3}$. Die Fläche der Viertel-Astroide ergibt sich also auf zwei Arten als $3\pi L^2/32$, also nur 37,5% der Kreisfläche $\pi L^2/4$. Hätten wir nicht gewußt, was $\Gamma(\frac{1}{2})$ ist, hätten wir es durch den Vergleich hier erfahren.

16.2.13. Die Gamma-Funktion ist definiert als $\Gamma(x) = \int_0^\infty t^{x-1} e^{-t}\,dt$. Zeigen Sie: Für natürliche x ist $\Gamma(x) = (x-1)!$ (partielle Integration). $\Gamma(\frac{1}{2})$ geht durch $u = \sqrt{t}$ über in ein Integral, das wir aus Aufgabe 1.1.9 kennen. Vergleich mit der bekannten Ellipsenfläche liefert laut Aufgabe 16.2.11 dasselbe.

Man integriert e^{-t} und differenziert t^{x-1}. Der Term ohne Integral verschwindet an den Grenzen, es bleibt $(x-1)\,\Gamma(x-1)$. Für ein natürliches x kann man das bis $x = 1$ treiben, wo $\int_0^\infty e^{-t}\,dt = 1$ bleibt. Die inzwischen rausgeholten Faktoren bilden $\Gamma(x) = (x-1)!$. $\Gamma(\frac{1}{2})$ geht mit $u = \sqrt{t}$, $du = dt/\sqrt{t}$ über in $2\int_0^\infty e^{-u^2}\,du$, was nach Aufgabe 1.1.9 $\sqrt{\pi}$ ist.

16.2.14. Man lenkt ein Pendel bis $\alpha_0 = 90°$ aus und läßt los. Vereinfachen Sie das Integral, das die Periode angibt, und berechnen Sie es mit Hilfe der Gamma-Funktion. Vergleichen Sie mit der genäherten Reihe (16.13).

$$T = 2\pi\sqrt{\frac{l}{g}}\sum_{n=0}^\infty \binom{-\frac{1}{2}}{n}^{k^{2n}} \qquad (16.13)$$

$$= T_0\left(1 + \frac{1}{4}\sin^2\frac{\alpha_0}{2} + \frac{9}{64}\sin^4\frac{\alpha_0}{2} + \cdots\right)$$

$\alpha_0 = \pi/2$, $\cos\alpha_0 = 0$ gibt $T = 4\sqrt{1/2\,g} \int_0^{\alpha_0} d\alpha/$
$\cos\alpha$. Das bestimmte Integral hat den Wert $\Gamma\left(\frac{1}{2}\right)$
$\cdot \Gamma\left(\frac{1}{4}\right)/\Gamma\left(\frac{3}{4}\right) = 2{,}62207$ (Aufgaben 16.2.10, 16.2.11),
also $T = 1{,}18034\,T_0$. Die beiden ersten Glieder von
(16.13) geben $1{,}125\,T_0$, die drei ersten $1{,}1602\,T_0$.

16.2.15. Bei der Anfangsauslenkung 180° läßt
sich das unbestimmte Integral, das die Zeit angibt,
leicht lösen. Was kommt als Schwingungsdauer
heraus, was für den Teil der Schwingung von 90°
bis 0°?

$\alpha_0 = \pi$, $\cos\alpha_0 = -1$ gibt $t = 2\sqrt{l/g} \int d\alpha/\cos\alpha/2$.
Wie man leicht durch Umkehrung prüft, ist $dx/$
$\sin x = \ln(1/\cos x + \tan x)$. Für die ganze Schwin-
gung liefert der tan natürlich Unendlich (labiles
Gleichgewicht); von $\pi/2$ bis 0 dauert es $\sqrt{l/g}$
$\cdot \ln(\sqrt{2}+1) = 0{,}1403\,T_0$. Die linearisierte Glei-
chung würde für diese „Achtelschwingung" ($\alpha_0/2$
bis 0) $T_0/12$ liefern.

16.2.16. Untersuchen Sie die Stabilität der (des)
Fixpunkte(s) eines Systems, das sich nach der
van der Pol-Gleichung verhält.

Wir schreiben die Systemgleichungen nor-
miert: $u' = v$, $v' = -u + e\,v(1-u^2)$ (Ableitungen
nach $z = \omega\,t$). Es gibt nur einen Fixpunkt $(0, 0)$. Die
Jacobi-Matrix lautet allgemein bzw. am Fixpunkt

$$\begin{pmatrix} 0 & 1 \\ -1 + 2\,e\,v\,u & e(1-u^2) \end{pmatrix} \quad \text{bzw.} \quad \begin{pmatrix} 0 & 1 \\ -1 & e \end{pmatrix}.$$

Ihre Eigenwerte folgen aus $\lambda^2 - e\,\lambda + 1 = 0$ und
heißen $\lambda = \frac{1}{2}(e \pm \sqrt{e^2 - 4})$. Bei $e > 0$ ist einer positiv: Die Orbits laufen vom Fixpunkt weg. Ob sie
bis ins Unendliche laufen oder nur zu einem
Grenzzyklus, kann man hieraus nicht sehen. Bei
$e < 0$ ist $(0, 0)$ ein Attraktor.

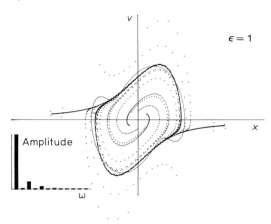

Abb. 16.17b. Phasenporträt eines von der Pol-Schwin-
gers

16.2.17. Wie kommen die „Schwänze" zustande, die rechts und links am Grenzzyklus eines
van der Pol-Systems hängen und in die die meisten
Transienten-Kurven einmünden (Abb. 16.17)?

In $u'' + u - e\,u'(1-u^2) = 0$ konkurrieren drei
Glieder. Wenn z. B. u'' schwach wird, bleibt die
Quasistationarität (QSt) $u = e\,u'(1-u^2)$ also $u' = v$
$= u/(e(1-u^2))$. Genau dies ist der „Schwanz" (für
$u \gg 1$ eine Hyperbel $v = 1/e\,u$). Warum stellt sich
die QSt bei $u \gg 1$ so schnell ein? Nach Aufgabe
15.4.20 ergibt sich eine Einstellzeit $\tau = 1/e\,u^2$, die
bei $u \gg 1$ bestimmt viel kürzer ist als die Periode
des Zyklus, die $2\,\pi$ beträgt. Warum aber bleibt die
QSt nicht erhalten, sondern mündet die Trajektorie in den Grenzzyklus? Da $v' = v(1+u^2)/(1-u^2)^2$,
wird v' sehr groß, wenn u sich der 1 nähert, und
bricht das bisherige Gleichgewicht der beiden anderen Glieder.

Aufgaben zu 16.3   Biologische und chemische Systeme

16.3.1. Wir werden oft die Regel von *Descartes*
benutzen, nach der man die Anzahl reeller Lösungen einer Gleichung n-ten Grades so abschätzen
kann: In der Folge der Koeffizienten a_i des Polynoms $\Sigma\,a_i\,x^i$ zähle man die Zeichenwechsel; als ein
Zeichenwechsel gilt, wenn auf ein positives ein negatives a_i folgt oder umgekehrt. Es gibt so viele
positive Lösungen wie Zeichenwechsel oder eine
gerade Anzahl weniger. Für die negativen Lösungen gilt Entsprechendes, wenn man die Vorzeichen
aller a_i mit ungeradem i umkehrt. Gemäß *Descartes*' anderer Regel: „Akzeptiere nur, was du völlig
klar einsiehst", beweisen Sie die obige Regel.

Beweis durch vollständige Induktion: Die Re-
gel gilt sicher für $n = 1$: $P_1 = a_0 + x$ hat eine positive
oder eine negative Lösung, je nachdem, ob a_0 negativ oder positiv ist. Wir nehmen an, die Regel
gelte auch für jedes Polynom $n-1$-ten Grades
P_{n-1}. Jedes Polynom n-ten Grades P_n läßt sich aus
einem P_{n-1} erzeugen durch Multiplikation mit x,
Umtaufen der Koeffizienten und Addition eines
neuen a_0. Nun hat $P_n - a_0 = x\,P_{n-1}$ ebenso viele
Zeichenwechsel und Nullstellen wie P_{n-1} und dazu
eine Nullstelle bei $x = 0$. Geht man zum vollständigen P_n über, verschiebt also die Kurve $P_n - a_0$ um
a_0, dann rutscht diese zusätzliche Nullstelle ins Po-

sitive oder Negative, je nachdem, ob a_0 ein anderes oder dasselbe Vorzeichen hat wie die Ableitung von $P_n - a_0$ bei $x = 0$, die ja einfach a_1 heißt. Ein durch a_0 erzeugter zusätzlicher Zeichenwechsel schafft also eine neue positive Nullstelle, ein zusätzlicher Zeichenwechsel in der abwechselnd vorzeichengeänderten a_i-Folge eine neue negative Nullstelle. Beim Verschieben um a_0 kann aber eine gerade Anzahl Nullstellen verlorengehen, wenn dies einen oder einige „Busen" der Kurve über die x-Achse hebt oder unter sie senkt. Solche Paare verlorener reeller Nullstellen werden zu konjugiert komplexen Paaren. Hat Ihnen dies Mühe gemacht? Dann können Sie werten, wie genial manche Leute schon vor fast 400 Jahre waren.

16.3.2. Wie viele Menschen werden in jeder Sekunde auf der Erde geboren, wie viele sterben? Wie entwickelt sich die Menschheit, wenn das so weitergeht?

Es gibt z. Zt. $5 \cdot 10^9$ Menschen. Sie haben, einschließlich der Entwicklungsländer, vielleicht eine mittlere Lebensdauer von 50 Jahren. Bei Stationarität müßten pro Jahr 10^8, pro Sekunde 3 Leute sterben, ebensoviele geboren werden. In Wirklichkeit schätzt man eine Verdopplungszeit von etwa 25 Jahren: $N = N_0 \exp(t/25 \ln 2) = N_0 \exp(t/36)$, was aus $\dot{N} = N/36$ folgt: Es erfolgen in der Sekunde 4,6 mehr Geburten als Todesfälle.

16.3.3. Schätzen Sie die mittlere Anzahl fruchtbarer Nachkommen pro Person und die Generationsdauer für die Menschheit und entwickeln Sie Prognosen daraus.

Mit $2k$ Kindern/Paar, die ihr fruchtbares Alter erreichen und nützen, und einer Generationsdauer T wächst die Menschheit wie $N_0 k^{t/T}$. Tippen wir erst auf $2k = 4$ und $T = 30$ (mittlerer Altersunterschied zwischen Eltern und Kind). Es würde folgen $N = N_0 2^{t/30}$. Wenn die wirkliche Verdopplungszeit 25 Jahre ist, müssen wir $2k$ auf $2 \cdot 2^{6/5} = 4,6$ Kinder/Paar heraufsetzen. A. D. 2365 wohnte auf jedem m² ein Mensch, wenn es so weiterginge.

16.3.4. Eine Schulklasse, halb Mädchen, halb Buben, rettet sich aus einem Schiffbruch auf eine unbewohnte Insel. Wie wird die Bevölkerung über viele Generationen zunehmen und ihre Altersstruktur sich entwickeln?

Bald bilden sich Paare, die im Laufe ihres Lebens im Mittel je $2n$ Kinder haben mögen. Aus anfangs N_0 Personen sind dann nach g Generationen $N_g = N_0 n^g$ geworden. Dieses determini-

stische Modell ist aber zu sehr vereinfacht. Erstens ist Fortpflanzung wesentlich stochastisch, z.B. schwanken die Kinderzahlen von Paar zu Paar. Zweitens geht die Synchronisation bald verloren: Die Kinder sind verschieden alt und zeugen zu verschiedenen Zeiten Nachkommen. Immer noch grob vereinfachend könnte man sagen: Das Leben sei so gesund auf der Insel, daß jeder t_a Jahre alt wird, dann aber stirbt. Die Frauen seien f Jahre lang fruchtbar, und die Wahrscheinlichkeit, in der Zeit dt ein Kind zu bekommen, sei innerhalb dieser f Jahre konstant $p\,dt$, wobei den Annahmen entsprechend $p = 2n/f$ ist. Die Anzahl N' der Frauen im fruchtbaren Alter ist ein noch zu bestimmender Bruchteil α von N. Dieses N wächst gemäß $\dot{N} = N' p = (2n/f)N' = \alpha(2n/f)N$, woraus folgt $N = N_0 e^{2\alpha n/f}$. Die Alterspyramide ist ebenfalls exponentiell, denn die einzelnen Altersgruppen stammen von Eltern ab, deren Anzahl mit der Zeit exponentiell zugenommen hat. Wie Abb. 16.36, S. 410, zeigt, sind diese Mittelwerte aber erst nach ziemlich langer Zeit realisiert, wenn unsere Insel schon stark bevölkert ist, sich die Stochastik weggemittelt hat und die anfängliche Synchronisation verschwunden ist.

16.3.5. Modell 1): Alle Menschen, ob alt oder jung, haben die gleiche Wahrscheinlichkeit, im nächsten Jahr zu sterben. Modell 2): Alter und Tod beruhen auf der Ansammlung genetischer Defekte. Die Wahrscheinlichkeit für das Auftreten eines Defekts ist altersunabhängig. Wenn sich eine bestimmte Anzahl angesammelt hat, stirbt man. Wie sieht die Alterspyramide einer stationären Bevölkerung nach diesen Modellen aus?

Modell 1) liefert in Analogie zum radioaktiven Zerfall oder zur Absorptionskurve eine exponentielle Pyramide. Modell 2) ist analog zur Absorption von α-Teilchen (Aufgabe 13.2.8) mit glockenförmiger Verteilung der erreichten Lebensalter um so schmaler, je größer die fatale Anzahl der Defekte ist.

16.3.6. Angenommen, von Leuten eines bestimmten Geburtsjahrgangs werden 75% 65 Jahre oder älter, 50% 74 Jahre oder älter, 25% 84 Jahre oder älter. Wenden Sie das Modell „Altern ist Anhäufung genetischer Defekte" an. Welche Parameter können Sie aus den Daten entnehmen?

N = Anzahl der Defekte, die zum Tod führen; $v\,dt$ = mittlere Wahrscheinlichkeit für Auftreten eines Defekts in der Zeit dt (t in Jahren). Mittleres

Year	births	total	kids	fertiles	oldies
1	3	23	3	20	0
2	0	23	3	20	0
3	2	25	5	20	0
4	1	26	6	20	0
5	1	27	7	20	0
6	2	29	9	20	0
7	2	31	11	20	0
8	3	34	14	20	0
9	1	35	15	20	0
10	1	36	16	20	0
11	0	36	16	20	0
12	0	36	16	20	0
13	1	37	17	20	0
14	1	38	18	20	0
15	1	39	19	20	0
16	2	41	21	20	0
17	1	42	22	20	0
18	2	44	24	20	0
19	3	47	27	20	0
20	1	48	28	20	0
21	2	50	30	20	0
22	0	50	30	20	0
23	1	51	31	20	0
24	0	51	31	20	0
25	0	51	31	20	0
26	0	51	28	3	20
27	0	51	28	3	20
28	0	51	26	5	20
29	1	52	26	6	20
30	0	52	25	7	20
31	1	53	24	9	20
32	1	54	23	11	20
33	0	54	20	14	20
34	1	55	20	15	20
35	1	56	20	16	20
36	3	59	23	16	20
37	2	61	25	16	20
38	4	65	28	17	20
39	1	66	28	18	20
40	2	68	29	19	20
41	3	71	30	21	20
42	6	77	35	22	20
43	4	81	37	24	20
44	1	82	35	27	20
45	4	86	38	28	20
46	2	88	38	30	20
47	3	91	41	30	20
48	1	92	41	31	20
49	3	95	44	31	20
50	4	99	48	31	20
51	1	100	49	31	20
52	2	102	51	28	23
53	4	106	55	28	23
54	1	107	55	27	25
55	2	109	57	26	26
56	2	111	58	26	27
57	2	113	59	25	29
58	1	114	60	23	31
59	2	116	61	21	34
60	1	117	61	21	35
61	0	117	58	23	36
62	3	120	59	25	36
63	1	121	56	29	36
64	3	124	58	29	37
65	5	129	61	30	38
66	6	135	64	32	39
67	4	139	62	36	41
68	3	142	61	39	42
69	2	144	62	38	44
70	2	146	60	39	47
71	2	148	60	40	48
72	7	155	64	41	50
73	2	157	65	42	50
74	4	161	66	44	51
75	2	143	64	48	31
76	4	147	67	49	31
77	3	150	68	51	31
78	5	155	69	55	31
79	4	159	72	56	31
80	5	164	75	57	32
81	1	165	74	59	32
82	2	167	74	60	33
83	3	170	76	60	34
84	4	174	78	62	34
85	4	178	81	62	35
86	7	185	88	61	36
87	5	190	90	61	39
88	6	196	95	60	41
89	8	204	100	59	45
90	1	205	96	63	46
91	7	212	97	67	48
92	6	218	99	68	51
93	9	227	105	65	57
94	5	232	108	63	61
95	6	238	112	64	62
96	6	244	116	62	66
97	4	248	113	67	68
98	6	254	117	66	71
99	3	257	116	69	72
100	4	261	118	68	75
101	7	265	121	68	76
102	5	270	123	70	77
103	5	273	123	73	77
104	3	275	122	73	80
105	6	280	123	77	80
106	2	282	126	76	80
107	5	285	129	76	80
108	4	286	130	77	79
109	3	288	129	80	79
110	7	294	132	82	80
111	3	297	128	88	81
112	10	307	133	93	81
113	3	309	130	96	83
114	7	315	129	103	83
115	10	324	138	101	85
116	7	329	138	103	88
117	6	334	138	103	93
118	13	345	142	108	95
119	9	351	146	110	95
120	6	356	146	114	96
121	8	362	148	118	96
122	9	371	153	120	98
123	9	379	156	119	104
124	12	391	165	120	106
125	17	408	178	120	110
126	16	424	187	125	112
127	11	435	193	126	116
128	9	444	197	128	119
129	9	452	203	126	123
130	7	459	204	128	127
131	18	476	218	127	131
132	9	484	222	131	131
133	10	494	228	133	133
134	18	511	243	133	135
135	15	525	251	136	138
136	5	527	253	135	139
137	12	537	255	138	144
138	8	541	260	136	145
139	14	554	267	137	150
140	16	568	273	139	156
141	12	577	278	145	154
142	14	585	286	144	155
143	12	593	285	151	157
144	7	599	283	151	165
145	13	608	290	152	166
146	14	620	296	154	170
147	15	632	302	157	173
148	14	645	307	162	176
149	15	657	310	168	179
150	12	665	305	182	178
151	14	678	303	194	181
152	21	697	313	198	186
153	17	710	321	202	187
154	12	721	324	206	191
155	16	735	333	210	192
156	18	751	333	222	196
157	15	764	339	227	198
158	18	781	347	232	202
159	16	795	345	246	204
160	18	817	353	258	206
161	18	835	366	256	213
162	24	856	378	265	213
163	20	875	390	263	222
164	27	899	403	274	222
165	21	915	408	283	224
166	25	934	421	285	228
167	26	956	433	292	231
168	26	979	447	298	234
169	15	992	455	292	245
170	28	1018	470	296	252
171	25	1041	481	304	256
172	24	1058	490	311	257
173	22	1078	498	316	264
174	14	1099	508	322	269
175	16	1113	512	322	279
176	23	1132	521	319	292
177	29	1158	529	324	305
178	23	1176	535	330	311
179	31	1203	554	333	316
180	31	1229	569	340	320

Abb. 16.36. Als einziges stochastisches System wird hier die Entwicklung einer Population untersucht. Paare, anfangs 10, haben je 4 Kinder. Rechts die Alterspyramide nach Abschluß der links beschriebenen 36-Jahres-Periode. Die im Mittel zu erwartende exponentielle Altersverteilung ist in der letzten Pyramide eingezeichnet

19

Sterbealter $N/v = 74$ a, Viertelwerts-Breite $\sqrt{\pi N/8}/v$ $= 9,5$ a, also $N = 23,8$; $v = 0,23$ a^{-1}. (Vgl. Aufgabe 13.2.8.)

16.3.7. Ein Wachstumsmodell will die Massenzunahme eines Tieres dadurch beschreiben, daß die Nahrungsaufnahme (Assimilation) proportional zur Körperoberfläche, die Dissimilation zur Körpermasse ist. Wie würden demnach Masse und „Radius" des Körpers zunehmen? Wie wäre es für zweidimensionale, n-dimensionale Tiere? Hat $m(t)$ einen Wendepunkt, und wenn ja, wo liegt er?

Das Modell sagt $\dot{m} = a\, m^{2/3} - b\, m$, oder durch den „Radius" r des Körpers ausgedrückt ($\dot{m} \sim r^2\,\dot{r}$): $\dot{r} = A - B\, r$, also $r = A/B + (r_0 - A/B)\, e^{-Bt}$. Für m ergibt sich eine S-Kurve, die das Wachstum vieler Tierarten ganz gut wiedergibt. Für n-dimensionale Tiere sieht $r(t)$ genauso aus, $m \sim r^n$. Die S-Kurve nähert sich asymptotisch $m_\infty = (A/B)^n$, der Wendepunkt liegt bei $m_w = (1 - 1/n)^n\, m_\infty$, für sehr große n also m_∞/e, und $t_w - 1/B \ln(n - n\, B\, r_0/A)$.

16.3.8. Warum sind manche Leute in Physik oder im Geigen so unglaublich viel besser als andere? Wahrscheinlich werden genetische und kulturelle Unterschiede, die sicher existieren, in einer Art Rückkopplung durch Erfolgserlebnisse verstärkt. Machen Sie ein Modell dazu.

Sei L der Überschuß meiner „Leistung" über einen gewissen „Normalwert". Dieser Erfolg beflügelt mich zu weiterer Steigerung, nur begrenzt durch eine ebenfalls L-abhängige Ermüdung (heute vielfach auch durch die Furcht, aus der Reihe zu tanzen): $\dot{L} = a\,L(1 - L/K)$. Das ist wieder die Verhulst-Gleichung (16.27). Entscheiden Sie selbst, ob das für Sie annähernd zutrifft und wo die Parameter Ihrer Kurve liegen.

16.3.9. Beweisen Sie: Der Übergang von der Zweier- zur Viererperiode in der Lösung der logistischen Gleichung $x_{k+1} = a\, x_k(1 - x_k)$ erfolgt bei $a = 1 + \sqrt{6} = 3,4495$. Kurz vorher pendelt x zwischen 0,8499 und 0,4400 hin und her.

Die x-Werte der Zweierperiode sind die stabilen Lösungen von $x = f(f(x)) = f^2(x)$, d.h. von

$$x^3 - 2x^2 + \left(1 + \frac{1}{a}\right)x - \frac{1}{a} + \frac{1}{a^3}. \qquad (16.71)$$

Eine weitere Lösung dieser Gleichung ist leicht zu finden: $x = f(x) \Rightarrow x = f(f(x))$ usw.: Alle Kurven $f^n(x)$ schneiden sich und die x-Gerade bei $x = 1 - 1/a$, aber dieser Punkt ist bei den meisten instabil (Betrag der Steigung > 1). Er hilft uns aber

beim Lösen von (16.71): Division dieses Polynoms durch $x - 1 + 1/a$ liefert $x^2 - (1 + 1/a)\,x + 1/a + 1/a^3$ mit den Wurzeln $x_{2,3} = (a + 1 \pm \sqrt{a^2 - 2a - 3})/2a$. Diese stationären Punkte werden instabil, wenn $f^2(x)$ dort steiler als -1 fällt, also ab $x^3 - 3x^2/2 + (1 + 1/a)x/2 - 1/(4a) - 1/(4a^3) = 0$. Wir subtrahieren dies von (16.71) und erhalten eine quadratische Gleichung mit der Lösung $x = (a + 1 \pm \sqrt{a^2 - 4a + 1 - 10/a})/2a$. Dies muß gleich $x_{2,3}$ sein, woraus $a = 1 + \sqrt{6}$ folgt. Einsetzen dieses a in $x_{2,3}$ liefert die übrigen angegebenen Werte.

16.3.10. Wie die Fruchtbarkeit einer Population unter der Bevölkerungsdichte leidet, läßt sich durch viele Funktionen darstellen, z.B. durch $x_{t+1} = a\, x_t \exp(b(1 - x_t))$. Welchen Vorteil hat dies gegenüber der logistischen Gleichung? Bestimmen Sie die Stationaritäten und ihre Stabilität. Wo erwartet man Bifurkationen?

Hier ist x_{t+1} für jedes $x_t > 0$ sinnvoll, nämlich positiv. Stationarität bei $x = 0$ und $x_s = 1 + (1/b)\ln a$. Eigenwerte: $f'(0) = a\,e^b$, $f'(1 + (1/b)\ln a) = 1 - b - \ln a = \lambda = 1 - \ln(f'(0))$. Für $a\,e^b < 1$ ist $x = 0$ stabil, der andere Fixpunkt nicht: Die Bevölkerung stirbt aus. Bei $0 < b + \ln a < 2$ ist x_s stabil und wird monoton angestrebt, bei $1 < b + \ln a < 2$ abwechselnd von beiden Seiten, oberhalb davon Bifurkation zu Periodizität mit Feigenbaum-Szenario der Periodenverdopplung bis zum Chaos.

16.3.11. Geben Sie einen genaueren Wert für den Parameter a in der Iteration $x \leftarrow a\,x(1 - x)$, bei dem Chaos einsetzt, ausgehend von der Beobachtung, daß die Bereiche mit 2^n-Periodik bei Erhöhung von n jedesmal um den gleichen Faktor kürzer werden.

Wir kennen den Bereich $(1, 3)$ mit einem stabilen Fixpunkt und den Bereich $(3, 1 + \sqrt{6})$ mit der Zweierperiode. Ihre Längen verhalten sich wie $\delta = 4,44949/1$. Die geometrische Reihe konvergiert zu $1 + 2\sum_0^\infty \delta^{-v} = 1 + 2\delta/(\delta - 1) = 3,579796$. Das weicht nur um 0,3% vom exakten Wert 3,569946 ab.

16.3.12. Bei $a = 4$ läßt sich die logistische Iteration leicht allgemein lösen durch die Substitution $x = \sin^2 \alpha$. Wie ändert sich dann α? Was folgt daraus für die Lage und Dichte der Punktfolge x_n?

Mit $1 - x = \cos^2 \varphi$ folgt $x_{n+1} = 4\sin^2 \varphi_n \cos^2 \varphi_n = \sin^2 2\varphi_n$. φ_n verdoppelt sich bei jedem Schritt, aber der $\sin^2$ stutzt es immer wieder auf den Bereich $(0, 2\pi)$ oder eigentlich $(0, \pi/2)$ zusammen. φ verhält sich also in diesem Bereich genauso wie x bei der Iteration $x \leftarrow 2\,x \bmod 1$ im Bereich $(0,1)$ (Abschnitt 16.4.1). Ebenso wie dort ergibt sich eine echt chaotische Folge. Die φ sind gleichmäßig verteilt, die x nicht: Wo $\sin^2 \varphi$ flach verläuft, liegen die x dichter. Ihre reziproke Dichte ist proportional zu $d \sin^2 \varphi/d\varphi = 2 \sin \varphi \cos \varphi = \sin 2\varphi = 2\sqrt{x(1-x)}$: An den Rändern des Intervalls steigt die Dichte steil gegen Unendlich, in der Mitte verläuft sie sehr flach.

16.3.13. Gegeben die diskrete Dynamik $x \leftarrow f(x)$. $f(x)$ habe nur ein Maximum, kein Minimum im betrachteten x-Intervall. Wie sieht die Zweifach-Iterierte $f^2(x)$ aus? Was bedeutet es, wenn die Gerade $y = x$ die Kurve $y = f^2(x)$ berührt, speziell, wenn sie das an ihrem Wendepunkt tut? Tut sie das immer dort?

Das Maximum von $f(x)$ liege bei x_m, f_m. Wenn $f_m < x_m$, hat $f^2(x)$ ein Maximum ebenfalls bei x_m, wenn $f_m > x_m$, hat $f^2(x)$ zwei Maxima dort, wo $f(x) = x_m$, und ein Minimum bei x_m. Dies folgt aus $f^{2\prime}(x) = (f(f(x)))' = f'(f(x))\,f'(x) = 0$. Die Gerade $y = x$ kann eine solche Kurve nur an höchstens einer Stelle berühren. Beim Fixpunkt x_f von $f(x)$ ist das der Fall, bei dem Parameterwert, wo er seine Stabilität verliert, wo also $f'(x_f) = -1$ ist: Dort ist auch $f^2(x_f) = f(f(x_f)) = f(x_f) = x_f$, und $f^{2\prime}(x_f) = f'(f(x))\,f'(x) = f'(x_f)^2 = 1$. Bei der zweiten Ableitung muß man noch mehr darauf achten, nach was abgeleitet wird: $f^{2\prime\prime}(x_f) = (f(f(x)))'' = (f'(f(x))\,f'(x))' = f''(x)\,(f'(x))^2 + f'(f(x))\,f''(x)$, also bei $x = x_f$: $f^{2\prime\prime} = f''(x_f)(f'(x_f)^2 + f'(x_f)) = f''(1-1) = 0$. Die Tangente ist immer eine Wendetangente. Wenn mit steigendem Parameter die Buckel von f und f^2 sich stärker vorwölben, entstehen aus x_f drei Schnitte der Geraden mit $f^2(x)$: Ein instabiler Fixpunkt ($f^{2\prime} > 1$), flankiert von zwei stabilen ($f^{2\prime} < 1$). Die Periode hat sich verdoppelt. Von $f^2(x)$ ausgehend, folgert man das Analoge für $f^4(x)$ usw., nur in immer engeren Parameterbereichen. Anders mit $f^n(x)$, wenn n andere Primfaktoren als 2 enthält. Dann ist auch Intermittenz möglich.

16.3.14. Wie lange dauern im Mittel die quasiperiodischen Episoden, wenn die echte Periodizität soeben durch Intermittenz ins Chaos übergegangen ist? Verfolgen Sie, wie die Spinne durch den engen Kanal kriecht!

Intermittenter Übergang ins Chaos bedeutet, daß sich eine Kurve $x = f(x)$ soeben von der Geraden $y = x$ gelöst hat. Die Kurve $y = f(x) - x$ hängt dann ähnlich einer Parabel dicht über $y = 0$. Wir nähern sie als $y = a + b\,x^2$. Die Spinne zieht jetzt unter 45° und kommt, wenn sie bei x war, nur ein Stück $(a + b\,x^2)/\sqrt{2}$ weiter. Wie viele Schritte braucht sie bis x_1, wo die Engstelle überwunden, also $b\,x_1 \gg a$ ist? Wenn ein Schritt eine Zeiteinheit dauert, können wir sagen $dx/dt = (a + b\,x^2)/\sqrt{2}$, mit der Lösung $x = 1/\sqrt{a\,b}\ \arctan(\sqrt{b/a}\,x)$. Den Kanal, beginnend bei $-x_1$, endend bei x_1, zu passieren, braucht also $t = 2\pi/\sqrt{a\,b}$ Schritte (man beachte $x_1 > \sqrt{a/b}$). Nun springt die Spinne, wenn sie in den Kanal gerät, nicht immer an sein Ende, sondern an irgendeine Stelle des Kanals; daher braucht sie im Mittel die Hälfte dieser Passagedauer.

16.3.15. Wie kommt es zu dem frappanten Unterschied im Verhalten stetiger und diskreter Systeme, z. B. zwischen der Verhulst- und der logistischen Gleichung (16.27) bzw. (16.30)?

$$\dot N = AN(1 - N/N_{st}) \qquad (16.27)$$
$$N_{k+1} = a\,N_k(1 - N_k/K). \qquad (16.30)$$

Laut (16.30) ist der Zuwachs von N in einer Generation $aN(1 - N/K)$, in der Zeit dt laut (16.27) $A\,dt\,N(1 - N/N_{st})$. Dem a in (16.30) entspricht also $1 + A\,dt$ in (16.27), und dies ist nur infinitesimal größer als 1 und kann nie in den periodischen oder gar chaotischen Bereich gelangen.

16.3.16. Eine Tierart mit einer Lebensdauer von sehr vielen Jahren habe jeden Herbst eine Brunftzeit. Die Anzahl von Jungen pro Muttertier sei proportional den Nahrungsmengen, die die vorige Generation übriggelassen hat. Wie entwickelt sich die Population? Bestimmen Sie stationäre Zustände. Sind diese stabil? Kommen Periodizitäten vor?

Dies ist das diskrete Modell: $x_{t+1} = x_t + a\,x_t(1 - x_{t-1})$ nach evtl. Normierung. Stationarität: $x_s = 1$, Linearisierung in deren Umgebung: $x = x_s + u$, $u_{t+1} = u_t - a\,u_{t-1}$, Lösung $u_t = \lambda^t\,u_0$ mit $\lambda^2 = \lambda - a$, also $\lambda = \frac{1}{2} \pm \sqrt{\frac{1}{4} - a}$. Bei $a < 0,25$ sind beide λ reell und liegen zwischen 0 und 1: Stabilität mit monotonem An- oder Abklingen gegen $x = 1$. Bei $0,25 < a < 1$ sind die λ konjugiert komplex mit $|\lambda| < 1$: Stabilität mit gedämpfter Schwingung um $x = 1$. Bei $a = 1$ erfolgt Bifurkation zur Instabilität. $\lambda = \frac{1}{2} \pm i\sqrt{a - \frac{1}{4}} = A\,e^{i\beta}$ mit $\beta = \arctan\sqrt{4a - 1}$, allgemeine Lösung $x_t = B(e^{i\beta t} + e^{-i\beta t}) = 2B \cdot \cos(\beta t)$. Bei $a = 1$ wird $\beta = 60°$: Übergang zu einer ungedämpften Sechserperiode, für größere a

Chaos, unterbrochen durch andere Perioden, z. B. Siebenerperiode um $a = 1, 2$.

16.3.17. Untersuchen Sie das Stabilitätsverhalten des vierten Fixpunktes $((d-e)/(cd-ef),$ $(c-f)/(cd-ef))$ des Systems (16.43), speziell für den Fall der Symbiose.

$$\dot{x} = ax(1 - cx - ey),$$
$$\dot{y} = by(1 - dy - fx). \qquad (16.43)$$

Einsetzen der x- und y-Werte für den vierten Fixpunkt verwandelt die Systemmatrix in

$$\frac{1}{cd-ef} \begin{pmatrix} ac(e-d) & -ae(d-e) \\ -bf(c-f) & bd(f-c) \end{pmatrix}.$$

Ihre Determinante $D = ab(cd-ef)(e-d)(f-c)/(cd-ef)^2$ ist bei schwacher Symbiose $(cd>ef)$ immer positiv, die Spur $T = (ac(e-d) + bd(f-c))/(cd-ef)$ ist dann immer negativ, beide Wurzeln von $\lambda^2 - T\lambda + D = 0$ haben negative Realteile: Der Fixpunkt ist stabil. Dasselbe gilt in den übrigen Fällen der Öko-Tabelle, falls $0<e<d$ und $0<f<c$.

16.3.18. Kann die Separatrix zwischen den Einzugsgebieten der beiden stabilen Fixpunkte im Wettbewerbsmodell (16.43) eine Kurve der Form $y \sim x^n$ – Gerade, Parabel o. ä. – sein?

$y = Ax^n$ müßte auch die Systemgleichungen erfüllen. Wir bilden die logarithmischen Ableitungen beider Seiten: $\dot{y}/y = n\,\dot{x}/x = b\,(1-dy-fx) = na(1-cx-ey)$. Es ergibt sich also ein linearer Zusammenhang zwischen y und x, was der Forderung widerspricht, außer für $n=1$. Für diesen Fall müßte $a = b$ sein, dann erfüllt $y = (e-d)x/(f-c)$ die Forderung: Die Separatrix ist eine Gerade. Den anderen Fall, $d = e$ und $c = f$ (identische Ressourcen), der $y \sim x^{b/a}$ ergibt, kennen wir schon aus dem Text.

16.3.19. Normieren Sie das ökologische Modell (16.43), um die Anzahl der Parameter zu reduzieren. Klassifizieren Sie die möglichen Fälle.

Mit $u = cx$, $v = dy$, $z = at$ wird $u' = u(1-u-Bv)$, $v' = Av(1-v-Cu)$, wobei $A = b/a$, $B = e/d$, $C = f/c$. Die Vorzeichen von A, B, C sind für Räuber-Beute $-++$, für Symbiose $+--$, für Konkurrenz $+++$. Die Jacobi-Matrix mit den Elementen $1-2u-Bv$, $-Bu$, $-ACv$, $A(1-2v-Cu)$ hat an den vier Fixpunkten $(0,0)$ $(0,1)$ $(1,0)$, $((1-B)/(1-BC), (1-C)/(1-BC))$ die Eigenwerte $1, A$ (instabiler Knoten bei $A>0$, Sattel bei $A<0$);

$1-B$, $-A$ (stabiler Knoten bei $A>0$, $B>1$, sonst Sattel); -1, $A(1-C)$ (stabiler Knoten bei $A>0$, $C>1$ oder $A<0$, $C<1$, sonst Sattel). Der vierte Fixpunkt liegt im Positiven, wenn $B>1$, $C>1$ (P_4 Sattel, weil Spur $T_4>0$; P_2 und P_3 stabile Knoten, zwischen ihnen Separatrix durch P_4: Schwacher Wettbewerb), oder wenn $B<0$, $C<0$ und $BC<1$ ($T_4<0$, $D_4>0$, P_4 einziger stabiler Fixpunkt: Koexistenz). Bei negativen B und C sowie $BC>1$ gibt es keinen stabilen Fixpunkt (starke Symbiose). Dies galt für $A>0$. Bei $A<0$ ist P_3 fast überall stabil (für $C<1$). Das Gebiet $B>1$, $C>1$ wird durch die Gerade $C = 1+(B-1)/A$ nochmal in zwei Sektoren mit $T_4<0$ (P_4 stabil) bzw. $T_4>0$ zerlegt.

16.3.20. Wie könnte man die bisher nicht erwähnten Vorzeichenkombinationen der A, B, C von Aufgabe 16.3.19 biologisch deuten?

Vorzeichen der $A, B, C + - +$ oder $++-$: v nützt dem u, aber u schadet dem v; u parasitiert an v oder umgekehrt. Wenn der Parasit, z. B. u, es übertreibt, ($C>1$ bei $B<0$), tötet er seinen Wirt und könnte als Vollparasit auch selbst nicht überleben. Wegen des u-Gliedes ist er aber nicht ganz auf den Wirt v angewiesen (P_3 stabil). Bei $A<0$ kehren sich die Vorzeichen des v- und des v^2-Gliedes um. Das v-Glied wäre als Tod, das v^2-Glied als Solidarität zu deuten (man überlebt besser dank gegenseitiger Hilfe) oder durch eine sehr geringe Bevölkerungsdichte, bei der sich Paare nur zufällig finden („bimolekulare" Zeugung). Dann könnten $-+-$, $--+$, $---$ wieder Konkurrenz, Symbiose bzw. Parasitismus von u an v bedeuten. P_1 und P_2 sind dann immer instabil, P_3 ist stabil bei $C<1$, P_4 wurde in Aufgabe 16.3.19 diskutiert.

16.3.21. Was ändert sich an der Dynamik einer Infektionskrankheit (16.46) (Abschnitt 16.3.2), wenn diese manchmal tödlich ist?

$$\dot{x} = \underset{\text{Geburt}}{A} \quad \underset{\text{Infekt.}}{- \beta xy} \quad \underset{\text{Tod}}{- bx},$$
$$\dot{y} = \underset{\text{Infekt}}{\beta xy} \quad \underset{\text{Immun.}}{- cy} \quad \underset{\text{Tod}}{- by},$$
$$\dot{z} = \underset{\text{Immun.}}{cy} \quad \underset{\text{Tod}}{- bz} \qquad (16.46)$$

Die Sterberate für die Kranken ist dann nicht mehr b, wie für Gesunde und Immune, sondern $d>b$. Die Stabilitätsgrenze zwischen den beiden Fixpunkten liegt jetzt bei $A/b = (d+c)/\beta$, also bei dichterer Bevölkerung als vorher. P_0 hat noch den doppelten Eigenwert $-b$, außerdem $A\beta/b - d - c$, P_1 hat auch $\lambda_1 = -b$ und zwei negativ reelle oder konjugiert komplexe Eigenwerte.

16.3.22. Wie hängt der pH-Wert von der Säurekonzentration im Wasser ab? So einfach ist das gar nicht, selbst wenn Sie nur eine Dissoziationsstufe berücksichtigen. Wie ist es bei einer Base?

Die Säure heiße HR mit dem Säurerest R. Die Konzentrationen der Teilchen H^+, OH^-, H_2O, HR, R^- seien h, o, v, s, r. Dann gelten die Erhaltungssätze $o+v=w$, $r+s=c$, die Massenwirkungsgleichungen $ho/v=K_w$, $hr/s=K_s$ und die Neutralität $h=o+r$. Durch Elimination von o, r, s, v aus den ersten vier Gleichungen liefert die letzte $h=K_s h/(K_s+h)+K_w w/(K_w+h)$. Wasser ist sehr schwache Säure: $K_w \ll K_s$ und $h>K_w$ (selbst ohne Säure). So ergeben sich drei Abschnitte: 1) $c \ll K_w w=10^{-7} \Rightarrow h=K_w w$ (Säure zu dünn); 2) $K_w w \ll c \ll K_s \Rightarrow h=c$ (volle Dissoziation); 3) $K_s \ll c \Rightarrow h=\sqrt{K_s c}$ (Teildissoziation). Bei der Base gilt für o Entsprechendes, $h=K_w w/o$ ist gegenläufig.

16.3.23. Wie hängt die Konzentration c im Reaktionsmodell (16.50) von der Zeit ab?

$$A+B \underset{l}{\overset{k}{\rightleftharpoons}} C$$
$$\dot a = \dot b = -\dot c = -kab+lc. \qquad (16.50)$$

Mit den Konstanten $a+c=d$, $b+c=e$ (einige Teilchen A und B stecken ja in C) haben wir

$$\dot c = k(d-c)(e-c)-lc, \qquad (16.72)$$

was sich von (16.27) (s. Aufgabe 16.3.15) durch das konstante Glied $\alpha=kde$ unterscheidet. Mit den Abkürzungen $\beta=l+kd+ke$ und $\varepsilon=\beta^2-4\alpha k$ folgt

$$c=\frac{\beta}{2k}+\frac{\varepsilon}{2k}\tanh\left(-\frac{1}{2}\varepsilon t+\operatorname{artanh}\frac{2kx_0-\beta}{\varepsilon}\right).$$

So ergibt sich $c(\infty)=(\beta-\varepsilon)/2k$, was man schon aus (16.72) wußte.

16.3.24. Unter welchen Bedingungen und nach welcher Zeit stellt sich das Michaelis-Menten-Quasigleichgewicht (16.52) ein?
$$(16.52)$$
$$kse-lc=ks(e_0-c)-lc \approx mc \Rightarrow c \approx \frac{kse_0}{ks+l+m}.$$

Wir behalten nicht vier, sondern nur zwei unabhängige Gleichungen, z. B. für s und c:

$$\dot s = -kse+lc=-kse_0+ksc+lc,$$
$$\dot c = kse-lc-mc=kse_0-ksc-lc-mc.$$

Solange c noch sehr klein ist, genauer $c \ll ke_0 s/(ks+l+m)$, gilt

$$\dot s = -ke_0 s \Rightarrow s=s_0 e^{-ke_0 t},$$
$$\dot c = ke_0 s=ke_0 s_0 e^{-ke_0 t} \Rightarrow c=s_0(1-e^{-ke_0 t}).$$

Dieser Zustand endet spätestens, wenn eines der Glieder mit c das Glied $ke_0 s$ eingeholt hat. Dies gelingt zuerst dem Glied $c(l+m+ks)$, das größer ist als lc. Von da ab gilt ein Quasigleichgewicht $ke_0 s \approx (l+m+ks)c$ und bleibt auch erhalten bis zum Schluß. Trotz dieses Quasigleichgewichts ändern sich s und c, und zwar durch Erzeugung von P. Aus den Gliedern der s-Gleichung bleibt nur

$$\dot s = -mc = -m\frac{ke_0 s}{l+m+ks},$$

was sich leicht integrieren, aber dann leider nicht nach s auflösen läßt:

$$\frac{l+m}{kme_0}\ln\frac{s_1}{s}+\frac{s_1-s}{me_0}=t.$$

s_1, der Anfangswert für diesen zweiten Abschnitt, und die Übergangszeit t_1 ergeben sich aus der Übergangsbedingung

$$c \approx s_0(1-u) \approx \frac{ke_0 s_0 u}{l+m+ks_0 u} \quad \text{mit} \quad u=e^{-ke_0 t}.$$

Da $e_0 \ll s_0$ (wenig Enzym verarbeitet viel Substrat), ist die rechte Seite $\ll 1$, d. h. $u \approx 1$, $u=1-\varepsilon$,

$$\varepsilon \approx ke_0/(ks_0+l+m), \quad t_1=1/(ks_0+l+m).$$

Die Näherung ist sinnvoll, wenn sich s im zweiten Abschnitt viel langsamer ändert als im ersten:

$$ks_0+l+m \approx t_1^{-1} \gg \left|\frac{\dot s}{s}\right| \approx t_2^{-1} \approx \frac{mc}{s} \approx \frac{mke_0}{l+m+ks}$$
$$\Rightarrow \frac{t_2}{t_1} > \frac{(ks+l+m)^2}{mke_0} > \frac{(ks+m)^2}{mke_0} \gg 1 \Leftarrow s \gg e_0.$$

Das Quasigleichgewicht ist stabil: Sei $c=c_q+\delta$, dann ist $\dot\delta=c_q-(ks+l+m)\delta$: Die Abweichung δ baut sich in einer Zeit t_1 exponentiell ab, die viel kürzer ist als die Zeit t_2, die die Änderung innerhalb des Quasigleichgewichts kennzeichnet.

16.3.25. Wie arbeitet ein Enzym, das nicht nur Bindungsstellen für sein Substrat, sondern noch für ein anderes Teilchen hat?

Im Reaktionssystem

$$E+S \underset{k_{-1}}{\overset{k_1}{\rightleftharpoons}} C \overset{k_2}{\longrightarrow} E+P$$
$$E+T \underset{l_{-1}}{\overset{l_1}{\rightleftharpoons}} D \overset{l_2}{\longrightarrow} E+Q$$
$$C+T \underset{m_{-1}}{\overset{m_1}{\rightleftharpoons}}$$
$$\qquad\qquad F \overset{m_2}{\longrightarrow} E+P+Q$$
$$D+S \underset{n_{-1}}{\overset{n_1}{\rightleftharpoons}}$$

stellen sich sehr bald die Quasistationaritäten

$$\frac{c}{e \cdot s} = \frac{k_1}{k_{-1}+k_2} = K^{-1} \Rightarrow e = K\frac{c}{s}$$

$$\frac{d}{e \cdot t} = \frac{l_1}{l_{-1}+l_2} = L^{-1} \Rightarrow d = \frac{K}{L}\frac{t}{s}c$$

$$f = \frac{m_1 c t + n_1 d s}{m_{-1}+n_{-1}+m_2} = \frac{m_1 t + n_1 t K/L}{m_{-1}+n_{-1}+m_2}c = M t c$$

ein. Die Produktionsrate von P folgt wieder einem Michaelis-Menten-Gesetz, nur mit komplizierteren Parametern:

$$\dot{p}^{-1} = a(t) + b(t) s^{-1},$$

$$a(t) = \frac{1}{c}\frac{M+t}{k_2 M + m_2 t}, \quad b(t) = \frac{KM}{Lc}\frac{L+t}{k_2 M + m_2 t}.$$

Die Lineweaver-Burk-Gerade geht jetzt nicht mehr durch den Ursprung. Ordinatenabschnitt und Steigung hängen von t ab: Es entsteht ein Ge-

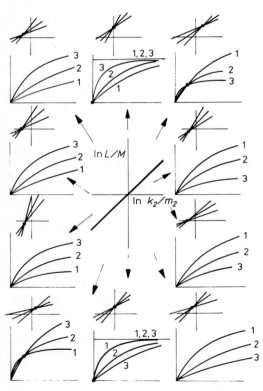

Abb. 16.37. Abhängigkeiten der Produktionsrate $\dot{p}$ von der Substratkonzentration s für ein Enzym mit Aktivator- bzw. Inhibitor-Stellen aufgetragen als $p(s)$ und (Kurven) als Lineweaver-Burk-Plot $\dot{p}^{-1}(s^{-1})$ (Geradenbüschel). Steigende Aktivator- bzw. Inhibitor-Konzentration als Parameter der Kurven ist duch die Zahlenfolge 1, 2, 3 gekennzeichnet. Die Pfeile ordnen die Diagramme den Bereichen der Koeffizienten L/M und k_2/m_2 zu (Mitte; vgl. Aufgabe 16.3.25)

radenbüschel mit dem Schnittpunkt

$$s_0^{-1} = -\frac{k_2-m_2}{k_2 M - m_2 L}\frac{L}{K},$$

$$\dot{p}_0^{-1} = \frac{M-L}{c(k_2 M - m_2 L)}.$$

Man erhält die in Abb. 16.37 dargestellten Fälle von Aktivierung oder Inhibition der P-Produktion durch T bzw. Wechsel zwischen beiden je nach Konzentration von S.

16.3.26. Wieso liefert Hämoglobin als Tetramer (vier Bindungsstellen für O_2) die Sättigungskurve (16.57) und im kooperativen Grenzfall die Näherung (16.58)? Wieso kann Kooperativität die Transportkapazität von 10% auf 60% steigern? (Voraussetzung: O_2-Partialdruck im arbeitenden Gewebe sei halb so hoch wie in der Lunge.)

$$\bar{v} = 4\frac{P_1 p + 3 P_2 p^2 + 3 P_3 p^3 + P_4 p^4}{1 + 4 P_1 p + 6 P_2 p^2 + 4 P_3 p^3 + P_4 p^4},$$

$$P_i = \prod_{v=1}^{i} \varkappa_v, \quad \varkappa_v = \frac{k_v}{l_v}. \tag{16.57}$$

$$\bar{v} \approx 4\frac{\varkappa_1 p + P_4 p^4}{1 + P_4 p^4}. \tag{16.58}$$

h_i sei die Konzentration von Hb-Molekülen, in denen i Stellen besetzt sind, p der O_2-Druck. Die Hin- und Rückreaktionen zur nächsten Stufe haben die Raten $(4-i) k_{i-1} p h_i$ bzw. $(i+1) l_{i+1} h_{i+1}$. Im Gleichgewicht gilt also $h_{i+1} = (4-i) k_{i+1} p h_i/$ $((i+1) l_{i+1})$. Auf h_0 zurückbezogen: $h_i = \binom{4}{i} P_i p^i h_0$ mit $P_i = \prod_{v=1}^{i} k_v/l_v = \prod_{v=1}^{i} \varkappa_v$. Gesamtkonzentration der Hb in allen Stufen: $h = \sum_{i=0}^{4} h_i = \sum_{i=0}^{4} \binom{4}{i} P_i p^i h_0$, Gesamtkonzentration der gebundenen O_2: $o = \sum_{i}^{4} i h_i = 4 p \sum_{0}^{3} \binom{3}{i} P_{i+1} p^i h_0$, Sättigungsgrad $\bar{v} = o/h = 4 p \sum_{0}^{3} \binom{3}{i} P_{i+1} p^i / \sum_{0}^{4} \binom{4}{i} P_i p^i$. Wenn die $\varkappa_i$ mit wachsendem i schnell größer werden, liegen praktisch nur leere oder voll oxygenierte Moleküle vor: Bei $p \ll (P_1/P_4)^{1/3}$ dominiert h_0, bei $(P_1/P_4)^{1/3} \ll p \ll (1/P_4)^{1/4}$ steigt $\bar{v}$ wie $4 P_4 p^4$, bei $p \gg (1/P_4)^{1/4}$ ist alles voll besetzt: $\bar{v} \approx 4/(1+z)$ mit $z = 1/(P_4 p^4)$. Der Partialdruck in der Lunge sei p, im Gewebe p/β, also $\Delta = \bar{v}_l - \bar{v}_g = 4 (1/(1+z) - 1/(1+\beta^4 z^2))$. Die günstigste Lage der $\bar{v}(p)$-Kurve folgt aus $d\Delta/dz = 0$, d. h. $z = 1/\beta^2$, $\bar{v}_l = 4 \beta^2/(1+\beta^2)$, $\bar{v}_g = 4/(1+\beta^2)$, Ausnutzungsgrad $(\beta^2 - 1)/(\beta^2 + 1)$, z. B. 60% für $\beta = 2$.

16.3.27. Unter welchen Umständen läßt das Trapmodell Lösungen mit Extrema zu? Wie viele

Extrema sind möglich, und für welche Variablen? (Hinweis: Beziehen Sie $p = n + d$ mit ein!)

Aus $\dot{d} = \alpha n(D - d) - \gamma d$, $\dot{p} = I - \beta p(p - d)$ ergeben sich die Vorzeichenmatrix $\begin{pmatrix} - & + \\ + & - \end{pmatrix}$ und das Möglichkeitsschema. Wenn p und d beide stiegen (beide fielen), tun sie es monoton weiter bis zum Fixpunkt. Für n, d bleibt dann beim Anklingen nur die obere Hälfte des Schemas:

bei $\gamma + \alpha n > \beta n$,   bei $\gamma + \alpha n < \beta n$.

Im ersten Fall steigt n ebenfalls monoton, im zweiten kann es nach einem Maximum monoton weiterfallen. Die Simulation bestätigt, daß diese Möglichkeiten auch tatsächlich eintreten.

16.3.28. Vergleichen Sie die Aussagekraft der Stabilitätsanalyse und des Möglichkeitsschemas hinsichtlich des qualitativen Verhaltens der Lösungen (Monotonie usw.).

Die klassische Stabilitätsanalyse durch Linearisierung in der Umgebung von Fixpunkten kann nicht sagen, was weiter außerhalb passiert, z.B. ob bei Instabilität die Orbits in einen anderen Attraktor, z.B. einen Grenzzyklus, münden oder ins Unendliche. Das Möglichkeitsschema beschreibt, wenn auch nur qualitativ, den ganzen Verlauf. Wenn es nichtzyklisch ist, schließt es solche periodischen oder mehrfach-periodischen Orbits aus. Falls es zyklisch ist, kann es aber nicht sagen, wie viele Zyklen die Orbits durchlaufen oder ob sie nicht doch monoton bleiben. Allgemein erhält man nur einen Überblick über die möglichen, nicht über die bei den gegebenen Anfangsbedingungen

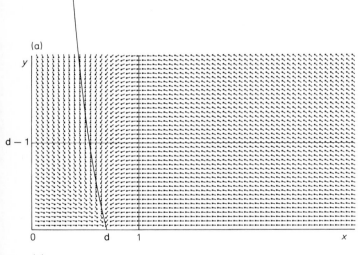

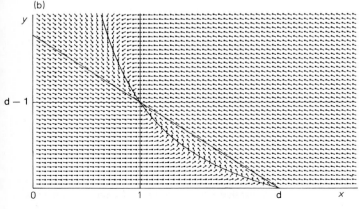

Abb. 16.7 a u. b. Richtungsfeld für das System $x' = d - x - xy$, $y' = y \cdot (x - 1)$, das einen einfachen kontinuierlichen Fermenter (Aufgabe 16.3.29) darstellt.
a) $d = 0{,}7$, b) $d = 2{,}3$

realisierten Verläufe. Beide Überlegungen (und zusätzliche wie in Aufgabe 16.3.29) ergänzen einander.

16.3.29. Bier wird seit altersher im „Batch-Verfahren" gebraut: Man läßt einen Bottich mit Malzschrot, Hefe und Wasser gären und setzt neu an, wenn das Bier fertig ist. Hier wie vielfach in der Verfahrenstechnik wäre ein Übergang zu einem kontinuierlichen Verfahren zeit- und kostengünstiger: Ein Substrat S wird ständig in den Fermenterkessel eingeleitet, in dem Mikroorganismen daraus das Produkt P erzeugen, das ebenso ständig entnommen wird, wobei i. allg. auch Mikroorganismen verlorengehen. Studieren Sie die Dynamik!

Konzentration des Substrats n im Kessel vom Volumen V, zugeführt mit der Konzentration n_1 im Volumenstrom J. Konzentration der Mikroorganismen m. Einfachster Ansatz bei gründlichem Rühren:

$$\dot{n} = n_1\,J/V - n\,J/V - a\,n\,m = c\,(n_1 - n) - a\,n\,m$$
$$\text{Zufuhr}\quad\text{Abfuhr}\quad\text{Verbrauch zur Produkterzeugung}$$

$$\dot{m} = b\,n\,m - m\,J/V = b\,n\,m - c\,m.$$
$$\text{Wachstum Abfuhr}$$

Normierung mittels $x = b\,n/c$, $y = a\,m/c$, $z = c\,t$, $d = b\,n_1/c$, ergibt $x' = d - x - x\,y$, $y' = x\,y - y$, $u = x + y$, d. h. $u' = d - u$ führt zur Bernoulli-Glei-

chung $y' = -y^2 + y\,(d - 1 - (d - u_0)\,e^{-z})$, die mit $v = 1/y$ linear wird: $v' = 1 - f(z)\,v$. Aber die Lösung (Variation der Konstanten) ist wegen der unlösbaren Integrale sehr unübersichtlich. Auch das Möglichkeitsschema allein gibt keine klare Auskunft: Beide Schemata (für $d > 1$ und $d < 1$) sind zyklisch, erlauben also beliebig viele Umläufe mit abwechselnden Extrema von n und m, also auch periodische Schwingungen. Wir machen es lieber anders: An den Fixpunkten $P_1 = (1, d-1)$, $P_2 = (d, 0)$ hat die Jacobi-Matrix die Eigenwerte -1, $1 - d$ bzw. $d - 1$, -1. Bei $d > 1$ ist also P_1 stabil, P_2 ein Sattel, bei $d < 1$ umgekehrt. Wie münden die Trajektorien in den jeweiligen Fixpunkt? Man beachte: $y = d - x$ ist selbst eine Trajektorie (einsetzen!), kann daher von keiner anderen Trajektorie überschritten werden und schneidet die hyperbelförmige Nullkline $y = d/x - 1$ genau in den beiden Fixpunkten. Bei $d > 1$ zerlegen die Nullklinen $x = 1$ und $y = d/x - 1$ den positiven Quadranten in vier Teile mit verschiedener Richtung der Tangentenpfeile (Abb. 16.7). Folgt man diesen Richtungen, dann sieht man: Bei $y_0 < d - x_0$ steigt x bis zur Hyperbel und muß auf dieser in den engen Zwickel 3′ zwischen ihr und $y = d - x$ einbiegen (Maximum von x), in dem sie bis P_1 läuft. Entsprechend läuft sie bei $y_0 > d - x_0$ von oben in den Zwickel 1′. Bei $d < 1$ gibt es nur den Fixpunkt P_2: Die Bakterien verhungern infolge Unterversorgung.

Aufgaben zu 16.4 Chaos und Ordnung

16.4.1. Liefert die Dreiecks-Abbildung $x \leftarrow a\,(1 - 2\,|\tfrac{1}{2} - x|)$ für $a > \tfrac{1}{2}$ immer Chaos, oder hängt es von den Anfangs-x ab, ob Konstanz, Zweier-, Dreier- ... -Periodizität herauskommt? Falls das letztere stimmt: Sind diese Zustände gegenüber einer kleinen Änderung der Anfangswerte stabil?

$x_1 = 2\,a/(1 + 2\,a)$ ist ein Fixpunkt für $a > \tfrac{1}{2}$ (rechter Ast des Dreiecks). Wegen $f'(x_1) = -2\,a > 1$ ist er instabil: Abweichungen von x_1 werden immer größer. Eine Zweierperiode ist nur so möglich, daß x zwischen den beiden Ästen hin- und herspringt: Es muß $2\,a\,(1 - 2\,a\,x) = x$ sein, also $x = x_2 = 2\,a/(1 + 4\,a^2)$. Wenn a wenig größer als $\tfrac{1}{2}$ ist, ist der Bereich zwischen Dreiecksspitze und der x-Geraden, in dem auch x_2 liegt, so eng, daß man irgendwann immer eine scheinbare Zweierperiode erreicht. Auch diese ist aber instabil: Jede Abweichung wächst schnell an. $x = x_3 = 2\,a/(1 + 8\,a^3)$ liefert eine Dreierperiode, $x = x_4 = 2\,a/(1 + 16\,a^4)$ mit $a > 0{,}919616$ eine Viererperiode usw., alle instabil.

Der Ljapunow-Exponent ist nämlich in jedem Fall positiv, denn $|f'(x)|$ ist auf beiden Ästen größer als 1.

16.4.2. Beweisen Sie: In der Dezimaldarstellung fast jeder reellen Zahl wiederholt sich jede beliebige Ziffernfolge unendlich oft.

Von Rationalzahlen reden wir nicht: In ihnen wiederholt sich nur eine bestimmte Ziffernfolge, aber sie bilden eine verschwindende Minderheit; die Menge der Irrationalzahlen ist im Gegensatz zu ihnen nicht abzählbar. Wir greifen irgendeine Irrationalzahl heraus. Gibt es in ihr z. B. eine Ziffer 7? Wenn nicht, kommen nur die neun anderen Ziffern vor. Wenn man z. B. die ersten 100 Ziffern betrachtet, gibt es nur 9^{100} Zahlen ohne 7 unter 10^{100} Zahlen überhaupt. Nur jede 38 000-ste Zahl ist dort ohne 7. Für unendlich viele Ziffern geht dieses Verhältnis gegen Null. Es ist aber egal, ob man mit der Zählung vorn anfängt oder erst nach der ersten 7, also kommen in fast allen Zahlen noch unendlich viele Ziffern 7. Daß wir aber dezimal schreiben, ist nur ein anatomischer Zufall. Ein Tausendfüßler rechnet wahrscheinlich im Tausendersystem und hat z. B. eine eigene Ziffer für 777. Für diese gilt dasselbe wir für unsere 7: Auch diese wie jede Ziffernfolge wiederholt sich fast immer unendlich oft.

16.4.3. Lösen Sie die Gleichung $x^2 - x + a = 0$ nicht wie üblich, sondern durch die Iteration $x \leftarrow x^2 + a$, ausgehend von verschiedenen Anfangswerten x_0 und verschiedenen a. Wann konvergiert das Verfahren, wann divergiert es gegen Unendlich, wann oszilliert es und mit welcher Periode? Gibt es Birfurkationen, gibt es Chaos? Prüfen und erklären Sie alle mit dem Computer gefundenen Aussagen, soweit möglich, auch theoretisch.

Die schulmäßige Lösung wird für $a > \frac{1}{4}$ komplex, Parabel $y = x^2 + a$ und Gerade $y = x$ schneiden sich nicht mehr. Das Spinnweb-Verfahren muß gegen ∞ führen. Auch für $a < \frac{1}{4}$ ist das der Fall, wenn man mit $x_0 > x_2 = \frac{1}{2} + \sqrt{\frac{1}{4} - a}$ beginnt. Wenn überhaupt Konvergenz erfolgt, nämlich bei $-\frac{1}{4} < a < \frac{3}{4}$, dann gegen die kleinere Lösung $x_1 = \frac{1}{2} - \sqrt{\frac{1}{4} - a}$. Für $-\frac{5}{4} < a < -\frac{3}{4}$ oszilliert x zwischen zwei Werten, deren Summe immer -1 ist. Warum all dies? Die Fixpunkte x_1 und x_2 der Abbildung $x \leftarrow x^2 + a = f(x)$ haben $f'(x) = 2x = 1 \pm \sqrt{1 - 4a}$. Für x_2 ist das immer > 1: Instabilität. x_1 ist nur für $-\frac{3}{4} < a < \frac{1}{4}$ stabil. Bei $a = -\frac{3}{4}$ schließt sich die Zweierperiode an: $x \leftarrow f(f(x)) = x^4 + 2ax^2 + a^2 + a$ hat dieselben Fixpunkte wie $x \leftarrow f(x)$, aber zwei mehr, x_3 und x_4. Division des Polynoms $f(f(x))$ durch $(x - x_1)(x - x_2)$ läßt eine quadratische Gleichung mit den Lösungen $x_{3,4} = -\frac{1}{2} \pm \sqrt{\frac{1}{4} - a - 1}$ übrig. Da $f(x_3) = x_4$ und $f(x_4) = x_3$, ist z. B. an der Stelle x_3: $df(f(x))/dx = f'(f(x_3)) f'(x_3) = f'(x_4) f'(x_3) = 4 x_4 x_3 = 4(a+1)$. Dies ist -1 bei $a = -\frac{3}{4}$, $+1$ bei $a = -\frac{5}{4}$ (Anfang bzw. Ende der Zweierperiode). Mit noch kleinerem a folgt eine Kaskade von Periodenverdopplungen (nicht ganz im Feigenbaum-Rhythmus) bis zum Chaos, das ab $a = -1{,}40116$ ausbricht.

16.4.4. Wie groß ist der Ljapunow-Exponent im stabilen, im periodischen, im Chaos-Bereich, an den Bifurkationen eines Feigenbaum-Szenarios?

Ein Fixpunkt von $x \leftarrow f(x)$ hat $f'(x) < 1$, und da sich die Trajektorie überwiegend in seiner nächsten Umgebung aufhält, ist L als Mittelwert der $|\ln f'|$ negativ. Bifurkation bedeutet Verlust der Stabilität (marginale Stabilität), angezeigt durch $f'(x) = -1$, und damit $L = 0$. Im Bereich der Zweieroszillation zwischen x_2 und x_3 ist $f(f(x_2))$

$= x_2$; x_2 ist Fixpunkt nicht von f, aber von $f(f)$, dessen Ableitung heißt $f'(x_2) f'(x_3)$ und ist, absolut genommen, < 1, die Trajektorie ist meistens abwechselnd dicht bei x_2 und x_3, woraus wieder $L < 1$ folgt. Entsprechendes gilt für höhere Perioden und Bifurkationen. Nur im Chaos ist $L > 1$. Leider kann man diese wichtige Signatur des Chaos nicht gleich der Iterationsgleichung ansehen, sondern erst durch ihre Ausführung prüfen.

16.4.5. Um die „Koch-Kurve" zu erzeugen, beginnt man mit einem gleichseitigen Dreieck, nimmt das mittlere Drittel jeder Seite heraus und setzt dort ein kleines gleichseitiges Dreieck auf. Dies wiederholt man beim entstehenden Sechsstern usw. usw. Wie groß ist die schließlich umrandete Fläche, wie lang ist ihre Berandung, welche Hausdorff-Dimension hat sie? Wie lautet ihre Ableitung? Herr X., stolzer Besitzer eines von der Koch-Kurve begrenzten Gartens von 800 m², bricht um 11 Uhr auf, seinen Garten zu umwandern (auf einer punktförmigen Stelze). Um 12 Uhr sucht ihn Frau X. Wo ist er?

Bei jedem Schritt werden aus den drei Stücken einer Seite vier, also multipliziert sich die Länge mit $\frac{4}{3}$ und geht demnach gegen Unendlich. Bei der Fläche wird der Zuwachs dagegen immer kleiner: Beim n-ten Schritt wächst aus jeder der $3 \cdot 4^{n-1}$ Seiten ein neues Dreieck hervor, das 9^n mal kleiner ist als das bei Stufe 0, das als Einheit gelte: Fläche $1 + \frac{1}{3}(1 + \frac{4}{9} + 4^2/9^2 + \ldots) = \frac{8}{5}$. Die Koch-Kurve hat nirgends eine Tangente. Herr X. ist nirgends und geht in keine Richtung. Wenn Sie es nicht glauben, zeigen Sie, wo er ist und wie er geht! Verdreifachung des Maßstabs bringt eine neue Zackengeneration zum Vorschein, womit die gemessene Länge sich vervierfacht (nicht nur um den Faktor 3, wie der Maßstab, sondern um $\frac{4}{3}$ mehr). Die Hausdorff-Dimension ist $\ln 4 / \ln 3 = 1{,}2619$.

16.4.6. Aus einer Strecke lasse man das mittlere Drittel weg, aus jedem verbleibenden Teilstück ebenso usw. usw. Was bleibt, nennt man Cantor-Staub. Welche Hausdorff-Dimension hat er? In der Fläche entspricht dem der Sierpinski-Teppich (aus jedem „heilen" Rechteck schneidet man immer wieder das mittlere Neuntel heraus), im Raum der Sierpinski-Schwamm (Menger-Schwamm). Geben Sie Flächen, Volumina, Dimensionen an!

Maßstabsvergrößerung um den Faktor 3 enthüllt neue Löcher, ändert die gemessene Länge um den Faktor 2. Dimension $\ln 2 / \ln 3 = 0{,}631$. Der Sierpinski-Teppich ändert bei jedem Schritt seine Fläche um den Faktor $\frac{8}{9}$, der Schwamm um $\frac{26}{27}$, zum Schluß bleiben Gespinste von der Fläche bzw. vom Volumen Null. Verdreifachung des Maßstabs bringt Faktoren 8 bzw. 26 in Fläche und Volumen: Dimension 1,893 bzw. 2,966.

16.4.7. Beweisen Sie: Eine affine Transformation wandelt Gerade in Gerade um. Parallelität zweier Geraden und Längenverhältnis von Abschnitten einer Geraden bleiben erhalten.

Es genügt zu beweisen, daß $A(x+y) = A x + A y$ und speziell $A(m x) = m A x$ ist (reelles m; distributives Gesetz). Natürlich: Die i-te Komponente von $A x$ ist das Skalarprodukt des i-ten Zeilenvektors von A mit x, und die skalare Multiplikation ist distributiv. Die Gerade $x = a + m b$ (Gerade in Richtung b, zu der der Vektor a vom Ursprung aus hinführt) geht also über in $x' = a' + m b'$ mit $a' = A a$, $b' = A b$. Parallele Gerade lassen sich durch das gleiche b, nur mit verschiedenen a darstellen, also auch nach der Transformation durch das gleiche b'. Die durch m gegebenen Längenverhältnisse ändern sich nicht.

16.4.8. Was macht eine affine Transformation aus einem Kreis, einem Quadrat? Wie muß sie aussehen, damit sie nur eine Drehung mit Maßstabsänderung, keine Verzerrung bringt? Was kann man über die Eigenwerte der Matrix A sagen?

Hier handelt es sich offenbar um Abbildungen der Ebene, vermittelt durch die Matrix $A = \begin{pmatrix} a & b \\ c & d \end{pmatrix}$. Das Quadrat aus den Punkten $(0,0)$, $(1,0)$, $(0,1)$, $(1,1)$ z.B. wird zum Parallelogramm mit den Ecken $(0,0)$, (a,c), (b,d), $(a+b, c+d)$. Die Verhältnisse paralleler Strecken bleiben ja erhalten. Der ins Quadrat einbeschriebene Kreis wird zur Ellipse zusammengedrückt. Eine nicht verzerrende Matrix muß die Form $A = a \begin{pmatrix} \cos\varphi & \sin\varphi \\ -\sin\varphi & \cos\varphi \end{pmatrix}$ haben. Ihre Eigenwerte sind $\lambda_{1,2} = e^{\pm i\varphi}$. Allgemein tritt Dehnung oder Stauchung ein in den Hauptrichtungen, die sich durch die Drehmatrix der Hauptachsentransformation ergeben. Die Verzerrungsfaktoren sind die Beträge der (meist komplexen) Eigenwerte $\lambda_{1,2} = \frac{1}{2}(a+d \pm \sqrt{(a-d)^2 + 4 c b})$, der Elemente der Diagonalmatrix.

16.4.9. Der Farnwedel von Abb. 16.32 entsteht durch vier affine Transformationen mit den Elementen

a_{11}	a_{12}	a_{21}	a_{22}	b_1	b_2	
0	0	0	0,17	0	0	T_1
0,85	0,026	-0,026	0,85	0	3	T_2
-0,155	0,235	0,196	0,186	0	1,2	T_3
0,155	-0,235	0,196	0,186	0	3	T_4

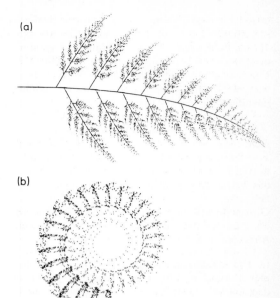

(a)

(b)

Abb. 16.32 a u. b. Dieser Farnwedel entsteht durch eine Zufallsfolge von vier affinen Abbildungen eines beliebigen Startpunktes (vgl. Aufgabe 16.4.9). Bei dem Ammoniten sieht man besser, wie die Sache funktioniert: Er ist aus lauter punktierten Ellipsen zusammengesetzt

Deuten Sie diese Transformationen: Welche Strukturdetails erzeugen sie? Wo fängt der Farnwedel an, wo ist er zu Ende? Vergessen Sie nicht, das Bild zu programmieren!

T_2 verkleinert unverzerrt um den Faktor 0,85 und dreht um 1,75°, erzeugt also aus dem ganzen Wedel den Rest, der bleibt, wenn man unten zwei Seitenäste wegläßt. Wendet man T_2 sehr oft an, gelangt man von der Länge 1 ausgehend bis $0,85^n = 6,67$. T_1 zieht das Bild in x-Richtung auf die Breite 0 zusammen, in y-Richtung um den Faktor 0,17: Das ergibt die Stengel, auch die der Seitenzweige. T_3 und T_4 bilden die Seitenzweige, die bei 1,2 bzw. 3 ansetzen und schmäler sind als der ganze Wedel.

16.4.10. Wie sieht die Julia-Menge der Iteration $z \leftarrow z^2 + c$ für $c = 0$ aus? Was kann man über ihre Symmetrie bei reellem c sagen, was generell über ihre Symmetrie?

Bei $c = 0$ konvergiert die Folge $z, z^2, z^4, \ldots$ genau für $|z| < 1$: Die Julia-Menge ist der Einheitskreis. $z = x + i y$ geht mit $c = a + i b$ über in $z' = x'$ $i y' = x^2 - y^2 + a + i(2 x y + b)$. Bei reellem c ändert der Übergang zu $z = x - i y$ nur das Vorzeichen von z', was keinen Einfluß auf die Konvergenz hat. $z*$ geht über in $z'*$ (der Stern bedeutet: Konjugiert komplex). Die Julia-Menge ist symmetrisch zur x- und zur y-Achse. Allgemein: Ist ein Imaginärteil b vorhanden, muß man mit dem Vorzeichen von y auch das von x ändern, damit sich an z' nichts ändert. Die Julia-Menge ist jetzt nicht mehr axial-, sondern nur noch punktsymmetrisch um $z = 0$.

16.4.11. Die Abendsonne fällt in ein Glas mit Rotwein und erzeugt eine herzförmige Brennlinie darin. Welche Kurve steckt dahinter? Was hat das mit dem „Apfelmännchen" zu tun?

Sollte es sich um eine Epi- oder Hypozykloide handeln, müßte sie so zustande kommen: Ein Rad vom Radius $R/4$ rollt auf einer Kreisscheibe vom Radius $R/2$ außen ab (R: Radius des Glases). Wir beweisen: 1) Wenn das Rad das Glas in A berührt, geht der in A reflektierte Strahl durch den entsprechenden Hypozykloidenpunkt P auf seiner Felge. 2) Wenn das Rad ein bißchen weiterrollt, bleibt der Punkt auf seiner Felge auf dem reflektierten Strahl. Beweis für 1): M = Radmittelpunkt, α Winkel von AM gegen Horizontale. Winkel $PMA = 180° - 2\alpha$. Genau um soviel hat sich das Rad seit der Mittel-

lage gedreht, da sein Radius halb so groß ist wie der der Scheibe, auf der es abrollt. P ist also der Hypozykloidenpunkt. Beweis für 2): Wir drehen das Bild so, daß das Rad momentan horizontal rollt. Wenn es nur ganz wenig weiterrollt, ist es egal, ob es auf einem Leitkreis oder einer Leitgeraden abrollt. Die Kurve, die P beschreibt, steigt also wie bei der normalen Zykloide um $90° - \beta/2$. Hier ist aber $\beta = 2\alpha$. Steigung gegenüber Leitkreis $90° - \alpha$. Dieser selbst steigt um $90° - \alpha$, also Steigungswinkel insgesamt $180° - 2\alpha$, und das ist auch die Richtung des reflektierten Strahls. Dieser bildet also tatsächlich die Tangente an die Hypozykloide, was auch für die Brennlinie gilt.

16.4.12. Zwischen den Einzugsbecken der drei Fixpunkte des Newton-Algorithmus für $z^3 = 1$ (Abb. 16.38) gibt es manchmal „schwarze Löcher", nämlich immer in den „Dreiländerecken". Einige davon liegen auch auf der reellen Achse. Wie kommen diese Löcher zustande, und wie heißt das Gesetz für ihre Lage? Finden Sie auch solche Löcher im Komplexen?

Die Funktion $y = z^3 - 1$ hat bei $z = 0$ eine horizontale Tangente, der Newton-Algorithmus diver-

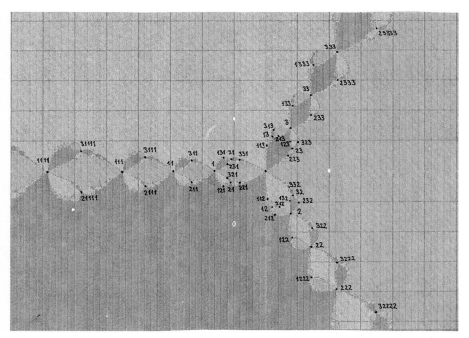

Abb. 16.38. Genealogie der „schwarzen Löcher" in der komplexen Newton-Iteration für $z^3 = 1$. Von einem Loch n-ter Ordnung, bezeichnet durch n Ziffern, kommt man in n Sprüngen zum Zentralloch (0, 0). Zu diesem Loch n-ter Ordnung kommt man direkt von drei Löchern $(n+1)$-ter Ordnung aus, deren Codenummern durch Anhängen von 1, 2 oder 3 an die des Loches n-ter Ordnung entstehen

giert also sofort: Bei $z_0 = 0$ liegt das schlimmste schwarze Loch. Das nächste (z_1) liegt da, wo man beim ersten Schritt nach $z_0 = 0$ gelangt, das zweite (z_2), wo man erst nach z_1, dann nach z_0 gelangt usw. Die Tangente im Punkt $(z_n, f(z_n))$ hat die Steigung $3 z_n^2$. Soll sie auch durch $(z_{n-1}, 0)$ gehen, muß gelten $(z_n^3 - 1)/(z_n - z_{n-1}) = 3 z_n^2$ oder $z_n^3 - \frac{3}{2} z_{n-1} z_n^2 + \frac{1}{2} = 0$. Man erhält die reellen Werte $-0,7937$; $-1,434$; $-2,251$; ... Die „Trilobiten" zwischen diesen Werten alternieren also in ihrer Größe. Auf demselben Kreis um 0, um 120° versetzt, gibt es je zwei komplexe Lösungen derselben Gleichungen. Aber im Komplexen liegen unendlich viel mehr schwarze Punkte, zwischen je zwei „Trilobiten", auch den winzigsten. Die Gleichung $z^3 - \frac{3}{2} z^2 z_{n-1} + \frac{1}{2} = 0$ gilt auch im Komplexen und erzeugt aus jedem schwarzen Loch der Ordnung $n-1$ bei z_{n-1} nach dem Fundamentalsatz der Algebra drei Lösungen z_n. Aus z_0 entstehen so drei Löcher z_1, daraus neun Löcher z_2, daraus 27 ... In Abb. 16.38 ist die Genealogie der Löcher so bezeichnet: Vom Loch 21 stammen ab die Löcher 211, 212 und 213 usw.

16.4.13. Gegeben die Iteration $x \leftarrow f(x)$. Aus der Kette $x_1 = f(x_0)$, $x_2 = f(x_1)$, ..., $x_n = f(x_{n-1})$ formulieren wir die höheren Iterationen $f^2(x) = f(f(x))$, $f^3(x) = f(f(f(x)))$ ..., also z.B. $x_n = f^n(x_0)$. Beweisen Sie folgende Tatsachen: $f^{n\prime}(x_0) = f'(x_{n-1}) f'(x_{n-2}) \ldots f'(x_1) f'(x_0)$, speziell: Wenn x ein Fixpunkt von $x \leftarrow f(x)$ ist, gilt $f^{n\prime}(x) = (f'(x))^n$. Ein Fixpunkt von $f(x)$ ist auch Fixpunkt von $f^n(x)$. Wenn er hinsichtlich $f(x)$ stabil/instabil ist, ist er es auch hinsichtlich $f^n(x)$.

Die erste Aussage folgt aus der Kettenregel der Differentiation: Der Strich bedeutet ja immer Ableitung nach dem dahinterstehenden Argument, also $f^{2\prime}(x) = f'(f(x)) f'(x) = f'(x_1) f'(x_0)$. Für einen Fixpunkt sind alle x_i identisch, was die beiden nächsten Aussagen bestätigt. Ein stabiler Fixpunkt x hat $f'(x) < 1$, also ist dort $f^{n\prime}(x)$ erst recht < 1: Die Stabilität überträgt sich auf die geschachtelten Iterationen, ebenso die Instabilität.

16.4.14. Ein Stoff bestehe aus zwei Sorten Teilchen, leitenden und nichtleitenden. Beide Teilchen sind gleichgroß, regulär sechseckig und bedecken eine Ebene dicht, aber ganz zufällig verteilt. Wie groß muß der Anteil p der leitenden Teilchen sein, damit der ganze Stoff leitet? Wie lautet die Antwort bei drei- oder viereckigen Teilchen?

Die leitenden Teilchen bedeuten Wasser, die nichtleitenden Land. Bei kleinem p bilden sich isolierte Inseln im Meer, bei großem eine Seenland-

schaft. Der Stoff leitet, wenn man mit dem Boot von der Ost- zur Westküste kommen kann. Das ist genau dann der Fall, wenn man *nicht* trockenen Fußes von Nord nach Süd gehen kann. Wasser und Land sind also völlig gleichberechtigt: Der Übergang zwischen beiden Fällen liegt bei $p = \frac{1}{2}$. Beim Drei- oder Viereck ist das anders: Es gibt zwei Sorten Nachbarn; die einen berühren sich mit der Seite, die anderen mit der Spitze, was nicht als echter Kontakt zählt. Hier gibt es einen Bereich um $p = \frac{1}{2}$, wo weder das Boot noch der Wanderer durchkommt.

16.4.15. Das Wurzelziehen ist ja auch ein iterativer Vorgang. Formulieren Sie dieses Verfahren für die zweite, für die n-te Wurzel und führen Sie es auf dem Taschenrechner (ohne x^y- oder log-Taste) durch.

Für $\sqrt{a}$ wähle man den Schätzwert x_0. Was am exakten Ergebnis fehlt, nenne man y_0, d.h. $(x_0 + y_0)^2 = a \approx x_0^2 + 2 x_0 y_0$, daraus $y_0 = \frac{1}{2}(a/x_0 - x_0^2)$ und die nächste Näherung $x_1 = \frac{1}{2}(x_0 + a/x_0)$. Die Rechnergenauigkeit ist nach wenigen Schritten erschöpft. $\sqrt[n]{a}$ erhält man analog durch die Iteration $x_{i+1} = (a/x_i^{n-1} + x_i(n-1))/n$. Diese Art Iteration setzt offenbar voraus, daß man die Umkehrfunktion, hier die Potenz, beherrscht. Mit e^x oder $\sin x$ muß man anders vorgehen. Entweder man erinnert sich an die Taylor-Reihen (echte Iteration) oder an die Definition von e^x als $\lim(1 + x/n)^n$. Mit $n = 2^{32}$ (viermal Quadrieren) gibt der einfachste Taschenrechner $e \approx 2{,}718239964$, also fünfstellige Genauigkeit. Umgekehrt ist $\ln x \approx n(\sqrt[n]{x} - 1)$; mit $n = 2^{20}$ folgt $\ln 10 \approx 2{,}3025$ (fünf Stellen stimmen).

16.4.16. Hat die Iteration $x \leftarrow a\, e^{-x}$ stabile Fixpunkte? Wenn nicht, was macht man, um die Gleichung $x = a\, e^{-x}$ iterativ zu lösen?

Die fallende Funktion $a\, e^{-x}$ schneidet die Gerade $y = x$ genau einmal. Die Ableitung $-a\, e^{-x}$ ist am Fixpunkt gleich $-x$. Dies muß zwischen -1 und 1 liegen, damit dieser Fixpunkt stabil ist. $x = 1$ bedeutet $a\, e^{-1} = 1$, d.h. $a = e$; $x = -1$ bedeutet $a = 1/e$. Außerhalb des Bereichs $1/e < a < e$ kehre man die Funktion um: $x \leftarrow -\ln(x/a)$. Ihre Ableitung hat dann als Kehrwert der Ableitung von $a\, e^{-x}$ bestimmt einen Betrag < 1.

16.4.17. Was hat die „Kreisdynamik" $x \leftarrow 2x - \text{int}(2x)$ mit der Iteration $z \leftarrow z^2$ im Komplexen zu tun?

Auf dem Einheitskreis bedeutet $z \leftarrow z^2$ einfach: Verdopple den Winkel, denn $z = e^{i\varphi} \leftarrow z^2 = e^{2i\varphi}$.

16.4.18. Wenn das Weltall in hierarchischer Staffelung Galaxie – Galaxiencluster – Supercluster … aufgebaut ist (Aufgabe 15.4.9), kann man ihm dann eine Hausdorff-Dimension zuordnen?

Die Hausdorff-Dimension ist geometrisch definiert, also müssen wir zuerst Massen in Volumina verwandeln, z. B. durch die Annahme, daß Sterne im Mittel ungefähr die gleiche Dichte haben. Wenn nun ein System $n+1$-ter Ordnung aus N Systemen n-ter Ordnung besteht, deren Durchmessser d_n und deren Abstand $R_n = b\, r_n$ ist, hat es selbst die Masse $M_{n+1} = N M_n$ und den Durchmesser $d_{n+1} = N^{1/3} b\, r_n$. Bei jedem Schritt wächst die Masse um den Faktor N, der Durchmessser um den größeren Faktor $b N^{1/3}$, so daß die Dichte gegen 0 geht: Die Hausdorff-Dimension ist $D = \log N / \log(b N^{1/3})$ $= 3/(1 + 3 \log b / \log N)$. Für Galaxiencluster gilt etwa $b = 10$, $N = 10\,000$; wenn das sich so weiterstaffelt, hat das Weltall $D = 1{,}71$. Moderne Beobachtungen deuten allerdings eher auf eine Schaumstruktur mit „großen Mauern" u. ä. hin, aber auch auf „große Attraktoren", die vielleicht solche Super-Superclusters sind.

16.4.19. Legen Sie einen Klacks Butter (oder Schuhcreme o. ä.) zwischen zwei glatte Platten (am besten Glas) und drücken sie beide zusammen. Welche Form nimmt der Klacks an? Ziehen Sie die Platten wieder ganz allmählich auseinander, senkrecht zur Plattenebene. Sie werden sich wundern. Auch wenn die Platten wieder ganz getrennt sind, bleiben interessante Muster darauf. Erklären Sie! Steckt ein Minimalprinzip dahinter? Solche Prinzipien klingen immer teleologisch. Geht es auch kausal?

Beim Auseinanderziehen dringt die Luft nicht allseitig ein, sondern in Form einiger langer Zungen, die sich bald immer mehr verzweigen. Nach der Trennung hat man auf beiden Platten ein sehr fein verästeltes System von scharfen Rücken mit einem flachen Hof, der jeden Ast beiderseits begleitet. Im Positiv wie im Negativ ähnelt dies einem Flußsystem oder einem Strauch oder stark verzweigten Kraut. Der Ingenieur, der ein Gebiet durch Wasser- oder Stromleitungen versorgen oder dem Straßenverkehr erschließen soll, erzeugt ganz ähnliche Muster, ebenso wie ein Embryo, der seine Blutgefäße anlegt. Da man Fett, das einmal im Fließen ist, leichter weiterschieben kann, versteht man, warum eine zufällige Einbuchtung sich zum langen Fjord vertieft. Aber warum verzweigt dieser sich nach ziemlich wohldefinierter Länge? Es handelt sich ja um ein negatives fraktales Wachstum, und auch dabei zeigt die Laplace-Glei-

chung oder anschaulicher die Gummimembran, daß an stark gekrümmten Stellen der größte Vortrieb wirkt (vgl. Abschnitt 16.4.3).

16.4.20. Sie kennen vielleicht die Maschine zur Demonstration der kinetischen Gastheorie oder der atmosphärischen Dichteverteilung: Der Boden eines Schachtes hat einen Rüttelmechanismus und schleudert Kügelchen mit regelbarer Intensität („Temperatur") in die Höhe. Teilen Sie den Boden durch eine ca. 1 cm hohe Trennwand in zwei Hälften und regeln Sie die Rüttelei ganz allmählich hinunter. Man erwartet, daß die Kugeln, wenn sie zur Ruhe gekommen sind, sich etwa gleichmäßig, nur mit Poisson-Schwankungen, auf beide Hälften des Bodens verteilen. Ist das so? Wenn nein, warum nicht?

Man warte besonders lange in dem Zustand, wo einige Kugeln noch gerade über die Trennwand hüpfen können. Dabei wird man beobachten, daß sie auf einer Seite höher springen, nämlich da, wo zufällig weniger Kugeln sind. Die meisten Kugeln in jeder Hälfte bilden ja ein schwebendes Kissen, das das Hochspringen der Vorwitzigen behindert. So verstärkt sich eine anfängliche Überzahl einer Seite von selbst dauernd, bis im Extremfall alle N Kugeln in einer Hälfte sind, entgegen der angeblich minimalen Wahrscheinlichkeit von 2^{-N}. Selbstverstärkung, auch als positive Rückkopplung oder Autokatalyse zu bezeichnen, führt hier wie in allen diesen Experimenten zu einem Keim der Strukturbildung.

16.4.21. Den Rand eines flachen Glasschälchens umgeben Sie ganz oder teilweise mit einem geerdeten Blechstreifen, schütten einige kleine Metallkugeln hinein (nicht zu viele, so daß sich höchstens einige berühren) und füllen ca. 5 mm hoch Öl darauf. Dann halten Sie eine sehr feine Drahtspitze, an $15-25$ kV Hochspannung gelegt, darüber oder tunken sie etwas ins Öl. Die Kügelchen arrangieren sich zu baumartig verzweigten Mustern. Warum? Steckt auch hier ein Minimalprinzip hinter dieser Strukturbildung?

Das hohe Feld an der Drahtspitze polarisiert zunächst die nahegelegenen Kugeln und zieht die entstandenen Dipole infolge seiner Inhomogenität an. Zwischen sich berührenden Kugeln brechen Ladungstrennung und Feld zusammen, und nur am Ende einer solchen Kette oder an scharfen Knicken herrscht noch ein Feld, das weitere Kugeln angliedert. Bei einseitiger Erdung entsteht manchmal ein Bäumchen, das an das Amazonasbecken erinnert.

16.4.22. Ein Raum- oder Flächenbereich soll von einer oder wenigen Zentralen aus mit Wasser, elektrischer Energie, Blut, Information, Verkehr o. ä. versorgt werden. Dazu muß sich das Versorgungsnetz, ausgehend von dicken Leitungen nahe der Zentrale, immer feiner verzweigen. Material- und Arbeitsaufwand sollen dabei minimal bleiben. Entwickeln Sie an einfachen Beispielen Regeln für den Aufbau solcher Netze.

Die Natur löst viele solche Optimierungsprobleme durch Analogcomputer; speziell meint die Bionik, die Lebewesen hätten durch Millionen Jahre Versuch und Irrtum optimale Lösungen gefunden. Bäume verästeln sich so, daß überall die gleiche, als erträglich betrachtete mechanische Spannung herrscht, daß also der Gesamtquerschnitt ober- und unterhalb der Verzweigung gleich ist. Sogar die exakte Form des Astwuchses mit seinen Abrundungen, von Wundheilstellen und der Wurzelanordnung folgt diesem Prinzip, wobei nicht nur Gewichte, sondern vor allem winderzeugte Drehmomente eingehen. Vieles läßt sich auf Wasser- und Stromleitungen übertragen. Der Blutkreislauf sollte laminar sein; wegen $\dot{V} \sim r^4$ gelten hier andere Radienverhältnisse. Welches ist das kürzeste Straßennetz, das n Städte verbindet? Rechnerisch nicht einfach. Stellen Sie die Städte durch Nägel in einem Brett dar, legen Sie eine Glasplatte darauf und tauchen alles in Seifenlösung: Die Seifenhäute zwischen den Nägeln lösen das Problem, allerdings ohne Unterschiede im Verkehrsaufkommen zu berücksichtigen. Meist bilden sich Knoten außerhalb der Städte, die sich dorthin verschieben, wo die Oberflächenkräfte im Gleichgewicht sind (120°-Winkel!). Löst die Potentialtheorie, die ja hinter dem Prinzip der Minimalflächen steckt, auch das allgemeinere Problem, indem sie verschiedene zu übertragende Leistungen, Volumen- oder Verkehrsströme, also Straßenbreiten, Querschnitte usw. durch Kräfte verschiedenen Betrages darstellt? Hier liegt ein unermeßliches Feld für Fragen und Antwortversuche.

16.4.23. Der Verdacht liegt nahe, daß hinter dem Bénard-Phänomen (Abschnitt 5.4.4) auch ein Optimierungsproblem steckt: Wie kann die Flüssigkeit die Wärme möglichst effizient auswärts abführen? Begründen Sie diesen Verdacht.

Der von Wärmeleitung getragene Wärmestrom wächst proportional zum Temperaturgradienten: Für den Auftrieb eines Flüssigkeitspaketes, das zufällig etwas aufsteigt, gilt auch $F \sim \mathrm{grad}\, T$ (Aufgabe 5.4.17), aber der durch dieses F angetriebene Flüssigkeitsstrom transportiert bei gleichem $\dot{V}$ um so mehr Wärme, je höher grad T ist. Der konvektive Transport steigt also mit höherer Potenz (ungefähr der zweiten) von grad T als die Leitung und muß diese irgendwann überholen. Quantitativ: Leitung bewirkt $j_L = -\lambda\, \mathrm{grad}\, T$, Konvektion $j_K \approx \varrho\, v\, c\, \Delta T \approx c\, \Delta T\, r^3\, g\, \varrho^2\, \beta\, \mathrm{grad}\, T/\eta$ (vgl. Aufgabe 5.4.17). Gleichheit beider liefert bis auf einen Zahlenfaktor dasselbe Kriterium wie die kausale Betrachtung in Aufgabe 5.4.17.

16.4.24. Warum soll man für die Video-Rückkopplung kein zu perfektes Kabel benutzen? Erklären Sie einige Strukturen der entstehenden Bilder: Symmetrie, Rotationsbewegungen, Wellenausbreitung usw.

Ein gutes Video-Kabel soll die Signale der Kamera oder des Recorders linear auf den Bildschirm übertragen, um Verzerrungen der Grau- oder Farbwerte zu vermeiden. Die Folge Schirmbild, von Kamera gesehen – Bild, auf Schirm übertragen – ... ist dann eine lineare Iteration mit linearer Abbildungsfunktion. Man sieht nur einen je nach Blendenöffnung bis ins blendend helle oder stockfinstere Unendlich laufenden Gang, bei Kippung eine Wendeltreppe aus immer kleiner oder größer werdenden Bildschirmen (Attraktor oder Repulsor). Chaotische, ständig unvorhersagbar wechselnde Bilder von oft abenteuerlicher Schönheit entstehen erst mit einem nichtlinearen Übertragungsglied. Dies kann ein nichtlinearer Verstärker sein oder einfach ein RC-Glied, aber ein nichtabgeschirmtes Kabel mit seinem effektiven RC genügt bei diesen Signalfrequenzen (um 10 MHz) auch: Es schneidet ja die Signale um $\omega = 1/RC$ ab.

16.4.25. *Hamilton* zeigte: Jedes mechanische System, dem man eine kinetische Energie T und eine potentielle U und damit eine Lagrange-Funktion $L = T - U$ zuschreiben kann, entwickelt sich zwischen beliebigen Zeitpunkten t_1 und t_2 so, daß das „Wirkungsintegral" $W = \int_{t_1}^{t_2} L\, dt$ minimal ist. Dabei sind zur Konkurrenz alle Funktionen $L(t)$ zugelassen, die bei t_1 einen gegebenen Wert haben, und ebenso bei t_2. Zwischendurch können sie machen, was sie wollen. Zeigen Sie, daß man dieses scheinbar teleologische Prinzip auch kausal erklären kann (Methode der Variationsrechnung).

Das System sei beschrieben durch die Koordinaten x_i und ihre Ableitungen $v_i = \dot{x}_i$. Die Lagrange-Funktion hängt dann ab von $x_i(t)$, $\dot{x}_i(t)$ und vielleicht auch t direkt. Nehmen wir an, wir hätten die Trajektorie $x_i(t)$, $\dot{x}_i(t)$ gefunden, für die das Integral ein Extremum hat (hoffentlich ein Minimum). Dieser Verlauf ist dadurch gekennzeichnet, daß sich das Integral $W = \int L \, dt$ kaum ändert (nur in höherer Ordnung), wenn wir statt $x_i(t)$ die nahe benachbarte Trajektorie $x_i(t) + \varepsilon u_i(t)$ mit sehr kleinem ε setzen. Nullsetzen der Ableitung von W nach ε ergibt also den gesuchten Verlauf. Da ε klein ist, können wir nach *Taylor* entwickeln:

$$L(x_i + \varepsilon u_i, \dot{x}_i + \varepsilon \dot{u}_i, t) \approx L(x_i, \dot{x}_i, t)$$
$$+ \varepsilon (u_i \, \partial L / \partial x_i + u_i \, \partial L / \partial \dot{x}_i).$$

Unter dem Integralzeichen kann man nach ε differenzieren und erhält für jedes i als Extremumsbedingung $dW/d\varepsilon = \int (u_i \, \partial L / \partial x_i + \dot{u}_i \, \partial L / \partial \dot{x}_i) \, dt = 0$. Der zweite Term ergibt, partiell integriert, $u_i \, \partial L / \partial \dot{x}_i - \int u_i \, d/dt \, (\partial L / \partial \dot{x}_i) \, dt$. Weil u_i an beiden Grenzen Null ist, bleibt nur das zweite Integral, und insgesamt muß sein $\int u_i (\partial L / \partial x_i - d/dt \, (\partial L / \partial \dot{x}_i)) \, dt = 0$. Da aber die Verschiebung $u_i(t)$ ganz willkürlich war, läßt sich das nur allgemein erreichen, wenn $d/dt \, (\partial L / \partial \dot{x}_i) - \partial L / \partial x_i = 0$ ist. Dies ist die Euler-Gleichung des allgemeinen Variationsproblems. Im Beispiel der Mechanik bilden diese Gleichungen für alle i die Lagrange-Gleichungen zweiter Art, die in cartesischen Koordinaten in *Newtons* Bewegungsgleichungen übergehen.

16.4.26. Auch *Fermats* Prinzip, nach dem das Licht von A nach B immer so läuft, daß es am wenigsten Zeit braucht, klingt verdächtig teleologisch. Hat das Photon einen Willen und einen Bordcomputer, um diesen zu realisieren? Wo steckt hier der kausale Mechanismus?

Kompaß und Bordcomputer stecken natürlich in der Welle. Sie schnüffelt sozusagen auch Wege ab, die dem optimalen benachbart sind, und erkennt dann durch Versuch und Irrtum, daß diese Wege nichts taugen. Man kann nämlich alle diese denkbaren benachbarten Wellen überlagern, und sie werden nur auf dem optimalen Weg konstruktiv interferieren. Nebenbei löschen sie sich so weitgehend aus, daß nur die Beugungserscheinungen übrigbleiben.

16.4.27. Analysieren Sie die Stabilität der Fixpunkte des Lorenz-Modells (16.67). Achten Sie besonders auf die „Bifurkationen", die Stellen, wo sich das Verhalten qualitativ ändert.

$$c \varrho \dot{\delta} = -\frac{2\lambda}{b^2} \delta + \frac{2c\varrho}{d} v (\varDelta - \varepsilon)$$

$$c \varrho \dot{\varepsilon} = \frac{2c\varrho}{b} v \delta - \frac{2\lambda}{d^2} \varepsilon. \tag{16.67}$$

Der Fixpunkt $(0, 0, 0)$ verliert bei $\beta = 1$ seine Stabilität, wie im Text diskutiert, und gleichzeitig werden die beiden anderen $(\pm \sqrt{\gamma(\beta-1)}, \pm \sqrt{(\gamma(\beta-1)}, \beta-1)$ reell. Für sie heißt die charakteristische Gleichung für die Eigenwerte $f(\lambda) = \lambda^3 + (1 + \alpha + \gamma) \lambda^2 + \gamma(\alpha + \beta) \lambda + 2\alpha\gamma(\beta-1) = 0$. Sie hat keinen Zeichenwechsel, also nach *Descartes* keine positiv reelle Lösung, demnach entweder drei negative oder eine negative und ein komplex konjugiertes Paar. Am Übergang zwischen beiden Fällen fallen zwei reelle Lösungen zusammen, die Kurve $f(\lambda)$ berührt dort mit ihrem Minimum die λ-Achse. Hier verwandeln sich die bisher stabilen Knoten in einlaufende Spiralen. Das komplexe Paar hat ja zunächst noch negative Realteile, die Stabilität bleibt vorläufig erhalten. Wo die Doppelwurzel liegt, ist mühsam zu berechnen. Man schreibe die charakteristische Gleichung $x^3 + b x^2 + c x + d = 0$, substituiere $y = x - b/3$, was auf $f(y) = y^3 + 3 p y + 2 q = 0$ mit $p = c/3 - b^2/9$, $q = b^3/27 - b c/6 + d/2$ führt. Bedingung für die Doppelwurzel: $f = 0$ und $f' = 0$, woraus folgt $y = -q/p$, und dies *in* $f' = 0$ eingesetzt gibt $p^3 + q^2 = 0$. Bei $\alpha = 10$, $\gamma = 3$ z.B. ergibt das $\beta = 1,385$. Das zweite wichtige Ereignis findet statt, wenn das komplexe Paar die imaginäre Achse überschreitet, also die Wirbel instabil werden. Dann müssen die Eigenwerte lauten δ, $i\varepsilon$, $-i\varepsilon$, und $f(\lambda)$ heißt $(\lambda - \delta) \cdot (\lambda - i\varepsilon) \cdot (\lambda + i\varepsilon) = \lambda^3 + \delta \lambda^2 + \varepsilon^2 \lambda + \delta \varepsilon^2 = 0$. Vergleich mit der Originalgestalt ergibt $\delta = 1 + \alpha + \gamma = 2\alpha(\beta-1)/(\alpha+\beta)$ oder $\beta = (3 + \alpha + \gamma)/(\alpha - 1 - \gamma)$. Bei $\alpha = 10$, $\gamma = 3$ haben wir für $1,385 < \beta < 26,67$ stabile Spiralen, darüber den chaotischen Lorenz-Attraktor.

16.4.28. Setzen Sie das Apfelmännchen auf den Feigenbaum, d.h. bilden Sie die Mandelbrot-Iteration $z \leftarrow z^2 + c$ auf die logistische $x \leftarrow a x (1-x)$ ab. Für welchen Fall lassen sich die Stabilitätsbedingungen für die Attraktoren verschiedener Ordnung (einfacher Fixpunkt, Zweier-, Dreier-, Viererperiode) einfacher formulieren? Schreiben Sie die Periodizitätsbedingung als Gleichung in z bzw. x. Überlegen Sie, ob Sie dieses ganze Polynom brauchen, um die Stabilitätsgrenze zu finden (denken Sie an den Satz von *Vieta* über die Faktorzerlegung eines Polynoms).

Mandelbrot geht einfacher, weil er kein lineares Glied enthält. Das Komplexe stört dabei gar nicht. Mit $x = 1/2 - z/a$, $a = 1 + \sqrt{1 - 4c}$ können wir die Ergebnisse auf die logistische Iteration übertragen. Der einfache Fixpunkt ist definiert durch $z = z^2 + c$. Das Produkt der beiden Lösungen ist c (*Vieta*: $z^2 - z + c = (z - z_1)(z - z_2)$). Stabilitätsgrenze: $|f'(z_i)| = 2|z_i| = 1$. So erhält man die Epizykloide, die den großen „Apfel" begrenzt. Die Zweierperiode verlangt $z_3 = f(z_2) = f(f(z_1)) = z_1^4 + 2cz_1^2 + c(1+c) = z_1$. Das Polynom $z^4 + 2cz^2 - z + c(1+c) = 0$ hat vier Wurzeln, deren Produkt $c(c+1)$ ist. Zwei davon kennen wir schon: Die einfachen Fixpunkte erfüllen die Periodizitätsbedingung auch. Ihr Produkt ist c. Für die beiden anderen bleibt das Produkt $1+c$. Stabilitätsgrenze: $\quad |f^{2\prime}(z_1)| = |f'(z_2)f'(z_1)| = 4|z_2 z_1| = 4|1+c| = 1$: Kreis um -1 mit Radius $\frac{1}{4}$. Bei der Dreierperiode ergibt sich ein Polynom achten Grades mit dem Produkt $c(c^3+2c^2+c+1)$ der acht Wurzeln. Zwei davon für die Einerperiode sind für das c verantwortlich, die sechs anderen bilden drei konjugiert komplexe Paare. Je drei von

ihnen ergeben die Stabilitätsgrenze $|f^{3\prime}| = |f'(z_3) f'(z_2)\ f'(z_1)| = 8|z_3 z_2 z_1| = 1$, alle sechs also $64 \prod_1^6 z_i = 64(c^3 + 2c^2 + c + 1) = \pm 1$. Man findet leicht die Lösung $c = -\frac{7}{4} = -1{,}75$ für $+1$ und numerisch $c = -1{,}759708$ für -1, sowie dann die beiden anderen $c = -\frac{1}{8} \pm i\sqrt{35/8}$. Die reelle entspricht dem winzigen scheinbar isolierten Apfelmännchen ganz links, das komplexe Paar den beiden großen Buchten oben und unten auf dem großen Apfel. Vergleich der Mandelbrot- und der Feigenbaum-Grenzen im Reellen: Einerperiode zwischen $\frac{1}{4}$ und $-\frac{3}{4}$ bzw. 1 und 3, Zweierperiode zwischen $-\frac{3}{4}$ und $-\frac{5}{4}$ bzw. 3 und $1+\sqrt{6}$, Dreierperiode zwischen $-\frac{7}{4}$ und $-1{,}759708$ bzw. $1+\sqrt{8} = 3{,}828427$ und $3{,}835285$.

Zusätzliche Aufgaben zu

17.3 Quantenstatistik

17.3.8. Helium 4 wird unter Normaldruck bei 4,211 K flüssig und unterhalb 24 bar niemals fest. Unterhalb des „λ-Punktes" 2,186 K nimmt ^{4}He seltsame Eigenschaften an: Die Viskosität wird immer kleiner und geht für T → 0 ebenso wie die spezifische Wärmekapazität gegen Null, die Wärmeleitfähigkeit wird dagegen sehr groß. Das Helium kriecht in dünner Schicht längs der gemeinsamen Wand aus einem höheren in ein anfangs leeres tieferes Gefäß, wobei das höhere sich erwärmt, das tiefere abkühlt. Ähnliches passiert beim Überströmen durch eine sehr enge Kapillare (mechano-kalorischer Effekt). Schallwellen breiten sich fast ungedämpft aus. Bei flüssigem ^{3}He kommt nichts dergleichen vor. Erklären Sie alles nach dem Zwei-Flüssigkeiten-Modell von *Tisza*: Bei Abkühlung unter den λ-Punkt sammeln sich immer mehr Teilchen im tiefstmöglichen Energiezustand (Bose-Einstein-Kondensation) und bilden die suprafluide Flüssigkeitskomponente.

Bosonen, d. h. Teilchen mit ganzzahligem Spin wie ^{4}He mit je zwei Protonen, Neutronen und Elektronen gehorchen der Bose-Einstein-Statistik und können jeden Energiezustand in beliebiger Anzahl besetzen. Wenn nicht die interatomaren Bindungskräfte das durch Kristallisation verhindern, kondensieren bei Abkühlung also immer mehr Teilchen im Zustand ohne thermische Energie. Damit sinkt die spezifische Wärmekapazität. Viskosität beruht auf dem Impulsaustausch zwischen verschieden schnell strömenden Schichten infolge thermischer Querbewegung. Ohne diese gibt es keine innere Reibung, die das Fließen in hauchdünnen Schichten oder Kapillaren hemmte. Die Wärmeleitung beruht immer weniger auf Stößen zwischen schnelleren und langsameren Teilchen: Wenn normale Flüssigkeit an die kalte Stelle kommt, wandelt sie sich teilweise in suprafluide um und umgekehrt. Normales He führt aber thermische Energie mit, suprafluides nicht. Der ^{3}He-Kern ist ein Fermion. Alle anderen Elemente, selbst Edelgase, haben zu hohe Bindungskräfte, daher wird ^{4}He wohl die einzige Supraflüssigkeit bleiben.

A.4 Atome und Moleküle

A.4.11. In dem Bemühen, möglichst viele Eigenschaften eines Atoms durch einen einzigen Parameter auszudrücken, wenn auch nur halbphänomenologisch, führte *L. Pauling* den Begriff der Elektronegativität ein. Er ging davon aus, daß die Bindungsenergie eines Moleküls AB immer größer ist als das Mittel der Bindungsenergien für AA und BB und nannte $\Delta_{AB} = W_{AB} - \frac{1}{2}(W_{AA} + W_{BB})$ die Stabilisierungsenergie. Woher mag sie stammen? Formal hängt sie mit der Differenz der Elektronegativitäten $\chi_A - \chi_B = 0,208\sqrt{\Delta_{AB}}$ zusammen (Energie in kcal/mol). Was bedeuten die χ anschaulich? Gibt man dem elektronegativsten Element Fluor willkürlich $\chi = 4$, ergeben sich einfache Werte im Periodensystem. H hat $\chi = 2,1$. Jeder Schritt nach links in der ersten Periode senkt χ um 0,5. Die weiteren Perioden fangen beim Halogen niedriger an und haben kleinere Schritte. Die Ablösearbeit für ein Elektron aus einem Metall (in eV) ist $W \approx 2,3\,\chi + 0,34$, die Summe von erster Ionisierungsenergie und Elektronenaffinität ist $5,4\,\chi$, der Atomradius in einer kovalenten Bindung (in Å) $r \approx 0,31\,(N + 1)/(\chi - \frac{1}{2})$, wo N die Anzahl der Valenzelektronen ist. Versuchen Sie dies alles qualitativ zu erklären und prüfen Sie Zahlenwerte. Schätzen Sie die Partialladungen in einer O–H- und einer Na–Cl-Bindung.

Homonukleare Moleküle wie AA werden nur durch die Delokalisation eines Elektronenpaares zusammengehalten, für das heteronukleare AB kommt ein elektrostatischer Anteil hinzu: Das Elektronenpaar verschiebt sich zum „elektronegativeren" Partner hin, der im Periodensystem weiter rechts steht. Beide Partner nehmen entgegengesetzte Partialladungen δe an, was eine Stabilisierungsenergie $\Delta_{AB} = \delta^2 e^2/4\pi\varepsilon_0 r = 14{,}3 \text{ eV } \delta^2/r$ ergibt (r in Å). Für OH mit $r \approx 1$ Å folgt aus den χ-Werten $\Delta = 2{,}65$ eV, $\delta = 0{,}43$, für NaCl mit $r = 2{,}75$ Å (aus der Dichte zu bestimmen): $\Delta = 5{,}96$ eV, $\delta \approx 1{,}0$ (voll ionogene Bindung).

A.4.12. Die H-Brücke (Bindung zwischen dem an ein elektronegativeres Atom gebundenen Proton und einem ebenfalls elektronegativen Atom) ist der wichtigste Strukturbildner in biologischen Makromolekülen. Sie bestimmt in Proteinen α-Helix und β-Faltblatt, in Nukleinsäuren die Passung zwischen Guanin und Cytosin (3 Brücken) sowie Adenin und Thymin oder Uracil (2 Brücken), die die Präzision der Reduplikation der DNS wie auch der Transkription der DNS in RNS garantiert. Machen Sie sich das am Modell klar. Hier handelt es sich um N-H-O-Brücken mit Abständen $N-H$ von 1,0 Å und $H-O$ von 1,9 Å. Schätzen Sie Partialladungen und Bindungsenergien. Tun Sie das auch für Wasser und vergleichen Sie mit der Verdampfungsenergie.

Die Partialladungen von O bzw. N in OH bzw. NH ergeben sich aus den Elektronegativitäten zu 0,43 bzw. 0,26. Für die N-H-O-Brücke 0,82 eV für die H-O-Anziehung, 0,54 eV für die O-N-Abstoßung, d.h. 0,28 eV oder 27 kJ/mol, was gut stimmt. Wasser hat etwas mehr (H-O-Abstand 1,76 Å): 1,47 eV für H-O, 0,94 eV für O-O, d.h. 0,54 eV. Jedes H_2O ist im Eis und fast auch so im Wasser an vier H-Brücken zur Hälfte beteiligt. 0,27 eV sind etwas zu wenig (Verdampfungsenergie 0,42 eV). In jedem Fall kommt eine Delokalisierungsenergie hinzu: Das Proton hat zwei Potentialminima bei O bzw. bei N, zwischen denen es springen kann (vgl. Kap. 14.1.6).